农村科技口袋书

远洋渔业资源与捕捞新技术

中国农村技术开发中心 编著

中国农业科学技术出版社

图书在版编目（CIP）数据

远洋渔业新资源与捕捞新技术 / 中国农村技术开发
中心编著. —北京：中国农业科学技术出版社，2017.11
ISBN 978-7-5116-3307-1

Ⅰ. ①远… Ⅱ. ①中… Ⅲ. ①远洋渔业—海洋捕捞
Ⅳ. ① S977

中国版本图书馆 CIP 数据核字（2017）第 260680 号

责任编辑　史咏竹
责任校对　贾海霞

出　　版	中国农业科学技术出版社
	北京市中关村南大街 12 号　　邮编：100081
电　　话	（010）82105169（编辑室）
	（010）82109702（发行部）　（010）82109709（读者服务部）
传　　真	（010）82109707
网　　址	http://www.castp.cn
经　　销	各地新华书店
印　　刷	北京科信印刷有限公司
开　　本	880 mm×1230 mm　1/64
印　　张	2.75
字　　数	89 千字
版　　次	2017 年 11 月第 1 版　2017 年 11 月第 1 次印刷
定　　价	9.80 元

《远洋渔业新资源与捕捞新技术》

编 委 会

编写人员

主　编： 王鲁民　王振忠　董　文

副主编： 郑汉丰　左　锋

编　者： （按姓氏笔画排序）

于　巍　　王志勇　　王雪辉　　王新良

方　海　　石建高　　冯春雷　　朱清澄

刘　平　　刘　磊　　江　涛　　汤涛林

花传祥　　李静红　　杨志勇　　邱永松

张　勋　　张　禹　　张　鹏　　张衍栋

陈　烽　　岳冬冬　　周为峰　　赵宪勇

顾　沁　　曹　荣　　符友知　　盖希坤

樊　伟

前　言

　　为了充分发挥科技服务农业生产一线的作用，将现今适用的农业新技术及时有效地送到田间地头，更好地使"科技兴农"落到实处，中国农村技术开发中心在深入生产一线和专家座谈的基础上，紧紧围绕当前农业生产对先进适用技术的迫切需求，立足国家科技支撑计划项目产生的最新科技成果，组织专家，精心编写了小巧轻便、便于携带、通俗实用的"农村科技口袋书"丛书。

　　《远洋渔业新资源与捕捞新技术》筛选凝练了国家科技支撑计划"远洋捕捞技术与渔业新资源开发（2013BAD13B00）"项目实施取得的新成果，旨在方便广大科技特派员、渔业生产者、专业合作社和渔民等利用现代科学知识、发展现代渔业、增收致富和促进渔业增产增效，为加快社会主义新农村建设和保障国家粮食安全作出贡献。

"农村科技口袋书"由来自农业生产、科研一线的专家、学者和科技管理人员共同编写，围绕关系国计民生的重要农业生产领域，按年度开发形成系列丛书。书中所收录的技术均为新技术，成熟、实用、易操作、见效快，既能满足广大生产一线从业者和科技特派员的需求，也有助于家庭农场、现代职业农民与渔民、种植养殖大户解决生产实际问题。

在丛书编写过程中，我们力求将复杂技术通俗化、图文化、公式化，并在不影响阅读的情况下，将书设计成口袋大小，既方便携带，又简洁实用，便于农民朋友随时随地查阅。但由于水平有限，不足之处在所难免，恳请批评指正。

编　者

2017 年 8 月

目　录

第一章　远洋渔业新资源

第二章 远洋捕捞新装备与新技术

第三章 远洋渔业数字化新技术

第四章 远洋捕捞新材料与新工艺

第一章
远洋渔业新资源

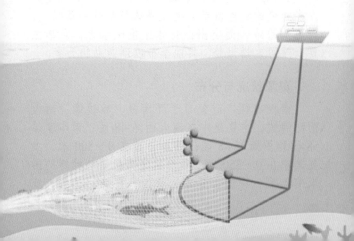

南极磷虾

生物学特征

世界上共有85种磷虾。生活在南极海域的磷虾有7～8种，生活在南大洋的磷虾通称为南极磷虾，但通常人们所讲的南极磷虾（Antarctic krill）一般指的是南极大磷虾（*Euphausia superba Dana*），它隶属于甲壳纲，磷虾目，磷虾科，磷虾属。个体最大体长可达65毫米，体重2克，渔业捕捞的主要磷虾群体为体长介于40～65毫米的较大成体。南极磷虾身体几乎透明，壳上点缀着许多鲜艳的红色斑点，消化系统呈鲜艳的草绿色，黑色的眼睛大而突出，身体比重比水大；夏季主要以浮游生物为食，其他季节以浮游动物为食。

资源状况与分布

南极磷虾广泛分布于环南极、冰边缘、南大西洋海域，主要集中在南大西洋48区、南印度洋58区和罗斯海88区；垂直分布在0～500米，主要集中在0～250米。目前从事南极磷虾捕捞的国家有智利、中国、日本、韩国、挪威、波兰、俄罗斯和乌克兰，实际可提供原料南极磷虾年产量约 30 万吨，其中年磷虾粉加工量约 2.5 万吨。据 1977—1986 年由南极研究科学委员会和海洋研究科学委员会等国际组织联合调查，南大洋的磷虾蕴藏量约为 6.5 亿～10 亿吨，年可捕量相当于目前全球海洋捕捞渔业产量。2000 年，南极海洋生物资源养护委员会（CCAMLR）再次调查 48 区南极磷虾总资源量为 4 429 万吨，58.4.1 和 58.4.2 单元南极磷虾资源量分别为 483 万吨和 390 万吨，CCAMLR 据此设定 48.1～48.4 亚区的预防性捕捞限额为 561 万吨。

综合利用

南极磷虾是高蛋白食物，肉中蛋白质含量 17.56%，脂肪 2.11%，富含 DHA（二十二碳六烯酸）、EPA（二十碳五烯酸）等多不饱和脂肪酸，以及虾青素等成分。目前，南极磷虾产品包括原条冻虾、磷虾粉、磷虾油、磷虾肉等，除此之外，还有磷虾酱、甲壳素、水解产物及其他食品类型等，其中磷虾粉和磷虾油是最主要的产品。同时，南极磷虾还有广阔的药用前景。

根据南极磷虾栖息水层及游泳行为，目前南极磷虾的捕捞主要为大型艉滑道拖网单船作业方式。捕捞技术主要包括传统拖网、连续捕捞系统、泵吸清空网囊技术和桁架拖网等4种。

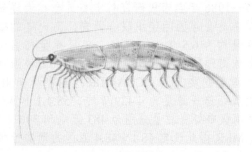

南极大磷虾模式图

南极大磷虾

南极磷虾拖网捕捞

北太平洋秋刀鱼

生物学特征

秋刀鱼，曾用名竹刀鱼，拉丁学名 *Cololabis saira Brevoort*，英文名为 Pacific saury，日文称サンマ，属颌针鱼目，竹刀鱼科，秋刀鱼属。秋刀鱼体细长，侧扁，略呈棒状。体长为体高 6.3～8.7 倍；体被小圆鳞，薄，易脱落。体背部青黑色，体侧及腹部银白色，吻端与尾柄后部略带黄色。成鱼体长一般 35 厘米、体重 200 克左右，最大个体可达 40 厘米、体重 250 克。

资源状况与分布

秋刀鱼广泛分布于北纬 25°～30° 以北的北太平洋温带海域，连续地分布在日本近海至北美西岸。作业渔场主要有：日本本州东北部和北海道以东外海；千岛群岛以南的俄罗斯 200 海里专属经济区及以外海域；太平洋中部的天皇海山一带。据评估，近 20 年来，秋刀鱼资源量为 192 万～719万吨，年捕捞总产量为 24 万～63 万吨，在世界小型中上层鱼类产量中占有重要地位。2010—

2016 年，秋刀鱼年总捕捞产量在 35 万～63 万吨。目前在北太平洋海域从事秋刀鱼生产作业的国家和地区主要有：日本、俄罗斯、韩国和中国（包括中国台湾地区）等。目前负责相关海域区域性渔业管理的组织为北太平洋渔业委员会（North Pacific fisheries commission，NPFC），管辖北太平洋公海水域所有渔业种类（其他组织管理种类除外）及其生态系统。2017 年 7 月在日本召开的北太平洋渔业委员会第二次会议在 2016 年通过的秋刀鱼的养护管理措施基础上进行了进一步修改，措辞方面相对更为严格，形成了新的秋刀鱼养护管理措施，目前有关公海秋刀鱼捕捞配额分配事宜尚未达成共识。

综合利用

秋刀鱼含有丰富的蛋白质、氨基酸、不饱和脂肪酸、矿物质、微量元素和维生素等，其中，水分含量 56.7%、蛋白质含量 20.6%、粗脂肪含量达 21.1%。秋刀鱼多数作为食用，其中 80% 用于生鲜、冷冻、罐头、食用加工。目前，秋刀鱼主要捕捞方式为舷提网作业。

北太平洋秋刀鱼

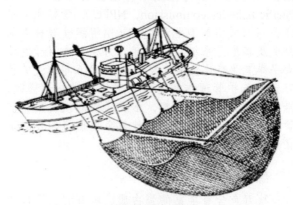

舷提网作业示意图

北太平洋鲐鱼

生物学特征

北太平洋捕捞的鲐鱼学名为日本鲐（*Scomber japonicas*），俗称鲐鲅鱼、油筒鱼、青占，中国台湾地区称为白腹鲭，英文名为 Chub mackerel，属鲈形目、鲭亚目、鲭科、鲭属。日本鲐鱼体呈纺锤形，横断面近椭圆形。背部呈淡绿色，具有蓝黑色绿色不规则"Z"字形波状条纹，延伸至侧线以下，腹部银灰色，无或偶见蓝灰色斑点。鱼体粗壮微扁，呈纺锤形，一般体长 20～40 厘米，体重 150～400 克。

资源状况与分布

日本鲐属沿岸性中上层鱼类，广泛分布于太平洋沿岸至大陆坡的热带、温带水域，栖息水层 0～300 米，适宜水层 50～200 米，适温范围为 10～27℃。根据相关文献资料，北太鲐鱼的资源量在 200 万～400 万吨，在不破坏资源的情况下，每年可捕资源量超过 100 万吨，目前西北太平洋鲐鱼上岸量在 25 万吨左右，日本占主要比重。日本鲹捕捞历史悠久，日本在20世纪50年代已经开始运用大型灯光围网渔船进行捕捞，目前鲹鱼捕捞作业方式主要为灯光围网作业。2013年以来，中国开始开发北太公海鲹鱼资源，2015—2016年中国（除中国台湾地区）年均产量约为20万吨。目前生产国家和地区主要有中国（包括中国台湾地区）、韩国、美国、日本、菲律宾、墨西哥、秘鲁、智利、厄瓜多尔等，各国捕捞作业海域基本在近海生产，近几年开始在北太平洋公海海域有渔船生产。

2017年7月在日本召开的北太平洋渔业委员会第二次会议在2016年通过的鲹鱼的养护管理措施基础上进行了进一步修改，措辞方面相对更为严格，形成了新的鲹鱼养护管理措施。

综合利用

鲹鱼的营养价值高，每100克可食部分含蛋白质21.4克、脂肪7.4克，同时富含EPA和DHA。鲹鱼除供鲜食外，还可加工茄汁鱼罐头和五香鱼罐头等，还可炼制人造白脱和鱼肝油。目前，鲹鱼主要捕捞方式为灯光围网作业。

日本鲐

灯光围网作业过程示意图

中东大西洋鲐鱼

生物学特征

中东大西洋捕捞的鲐鱼学名为大西洋鲭（*Scomber scombrus*），俗名普通鲭，英文名称Atlantic mackerel，属鲈形目、鲭科、鲐属。大西洋鲭鱼体粗壮微扁，呈纺锤形，一般体长20～40厘米、体重150～400克。头大、前端细尖似圆锥形，体被细小圆鳞，体背呈青黑色或深蓝色，体两侧胸鳍水平线以上有不规则的深蓝色虫蚀纹，腹部白而略带黄色。以捕食浮游生物及鲟鱼、鳕鱼和鲱鱼所产的卵为生。

资源状况与分布

大西洋鲭主要分布于沿北大西洋东西两岸的水域，从北卡罗来纳至拉布拉多，从西班牙到挪威。中东大西洋中上层鱼类总产量波动情况较大，但整体保持上升趋势，大西洋鲭近10年来产量基本保持稳定并有上升的趋势，平均年产量为22万吨，2011年产量为31万吨。目前，在该海域进行大西洋鲭商业捕捞的国家主要有摩洛哥、毛里塔尼亚、塞内加尔等。目前，在中东大西洋海域大西洋鲭资源开发和利用暂无专门管理措施。

综合利用

大西洋鲭是一种高蛋白、低脂肪、易被人体吸收的食物，同时富含 EPA 和 DHA。大西洋鲭适合红烧、清蒸、香煎、烧烤、油炸；也可熏制和腌制（醋腌、盐腌），还可以取其肉加工成鱼丸。大西洋鲭个体较小，通常以拖拉围网和诱饵网捕捞，也可用灯光围网作业方式进行捕捞作业。

大西洋鲭

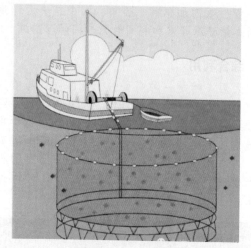

灯光围网作业示意图

中东大西洋沙丁鱼

生物学特征

中东大西洋捕捞的沙丁鱼（*Sardina pilchardus*），又称欧洲沙丁鱼，俗称沙丁鱼，英文名称为 European sardine，属鲱形目，鲱科，沙丁鱼属。沙丁鱼为细长的银色小鱼，一般体长为 14～20 厘米、体重 20～100 克。体背部青绿色，腹部银白色，体侧有两排蓝黑色圆点。密集群息，沿岸洄游，以大量的浮游生物为食。主要在春季产卵，卵和几天后孵化的幼鱼在变态为能自由游泳的鱼前一直随水漂流。

资源状况与分布

中东大西洋沙丁鱼属中上层暖水性鱼类，具有集群和洄游的习性，分布在南北半球海洋等温线 6～20℃ 范围内，主要分布于大西洋的西非沿岸，以及地中海、英吉利海峡等海域。非洲西北沿岸的大西洋海域欧洲沙丁鱼分为 3 个种群，由北向南依次为北部种群（Cape Cantin 至 Gibraltar Strait）、中部种群（Gibraltar Strait

至 Cape Bojador）和南部种群（Cape Bojador 以南）。它们游泳迅速，通常栖息于中上层，但秋冬季表层水温较低时则栖息于较深海域。据 FAO（联合国粮农组织）统计，中东大西洋海域的沙丁鱼生物量存在很大的波动，近年来该海域的沙丁鱼总量基本保持在 500 万～700 万吨。据统计，大西洋沿岸的沙丁鱼捕捞年总产量超过 120 万吨，其中摩洛哥海域的捕捞产量约占总产量的一半，在该海域生产沙丁鱼的国家主要有摩洛哥、阿尔及利亚、葡萄牙、西班牙等。目前，在中东大西洋海域沙丁鱼资源开发和利用暂无专门管理措施。

综合利用

沙丁鱼富有营养价值，富含多不饱和脂肪酸、蛋白质和钙等。以直接食用为主，多采用整鱼冷冻加工，也有部分进入加工厂，制成罐头、鱼粉、鱼油及干制品，也可制作为饵料。主要采用拖网和围网方式捕捞，可全年捕捞，网产较高，单船产量最高可达 40 吨以上。

沙丁鱼

西非带鱼

生物学特征

西非过洋性捕捞的带鱼主要为大西洋带鱼（*Trichiurus lepturus*），英文名为 Largehead hairtail，属鲈形目，带鱼科，带鱼属。俗称黑（白）带鱼、刀鱼、牙带，英文商品名为 Sable。大西洋带鱼身体延长侧扁，呈带形，尾部末端呈细鞭状。吻尖长，口裂大，牙大，上下颌前端有 2 对大犬牙，侧牙一列，尖锐而扁，体光滑无鳞。

资源状况与分布

大西洋带鱼资源丰富，分布较为广泛，主要分布在印度洋、太平洋以及大西洋温、热带海域。产卵期长，盛产在春季，分批产卵。西非沿岸一般栖息于 30 米以浅水域，东非沿岸一般栖息于 60～110 米水深，越冬期分布于 100 米以深水域。成熟个体体长 48 厘米左右。北至摩洛哥，南至几内亚湾，西非沿岸国家海域均可捕捞。

综合利用

大西洋带鱼营养丰富，肉质鲜美，含有蛋白质、脂肪、多种不饱和脂肪酸等。以食用为主，采用整条或切段冷冻加工。大西洋带鱼主要采用拖网方式捕捞，可全年捕捞。汛期一般在 10 月至翌年 3 月，一般单船产量在 1~2 吨，最高可达 20 吨左右。

大西洋带鱼

拖网捕捞作业示意图

西非竹筴鱼

生物学特征

西非过洋性捕捞主要对象为大西洋竹筴鱼（*Trachurus trachurus*），英文名为 Atlantic horse mackerel，鲈形目，鲹科，竹筴鱼属，俗称竹筴鱼、黄占，英文商品名为 Chincharde。竹筴鱼体延长，稍侧扁。头后部背面两侧的侧线分枝末端伸至第二背鳍最后的第四至第五鳍条下方止，侧线上全被大棱鳞，弯曲部棱鳞比直线部大。鳃盖后角有一小黑斑。

资源状况与分布

大西洋竹筴鱼资源丰富，分布于大西洋暖水域，北至摩洛哥海域，南至几内亚湾沿岸国家海域均可捕获。每年 10 月至翌年 5 月产卵，盛产在 11 月至翌年 1 月。一般栖息于 100 米以下的浅水域，也常出现在表层水域。

综合利用

大西洋竹筴鱼营养丰富，肉质鲜美，蛋白质

含量高，血红素含量丰富，脂肪含量中等，此外还含有较多的钙、锌、铁、维生素A、维生素E等。大西洋竹筴鱼主要用于直接食用，以整鱼冷冻加工为主，部分进入加工厂加工成罐头或鱼干。目前主要采用拖网和围网方式捕捞，可全年捕捞。汛期一般在4—10月，单船产量最高可达20吨以上。

竹筴鱼模式图

大西洋竹筴鱼

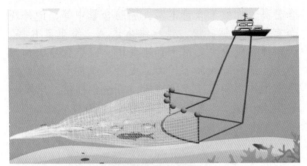

拖网捕捞作业示意图

西非其他主捕鱼类

生物学特征

加那利舌鳎（*Cynoglossus canariensis*），英文名为 Canary tonguesole，属鲽形目，舌鳎科，舌鳎属，俗称红鳎、舌鳎，英文商品名为 Lengua、Sole。体侧扁，呈舌状，一般体长 25～40 厘米。头部很短，两眼均在头的左侧，口下位，左右下对称。背鳍、臀鳍完全与尾鳍相连；无胸鳍；尾鳍尖形。

黑斑十指马鲅（*Galeoides decadactylus*），英文名为 Lesser African threadfin，属马鲅目、马鲅科、马鲅属，俗称方头鱼、马鲅，英文商品名 Theiekeme。纺锤形，侧扁。有脂眼睑。体背淡青黄色，腹部白色。各鳍边缘黑色，肩部后下方具一黑色圆斑。

短颌拟牙鲅（*Pseudotolithus brachygnathu*），英文名为 Law croaker，属鲈形目，石首鱼科，拟牙鲅属，俗称西非大黄鱼，英文商品名为 Ombrine、Corvinato。体形椭圆形，中层侧扁，头略短，尾柄长而侧扁。体金黄色，腹部淡黄色，体侧有明显的暗色斜纹，胸鳍基底具一暗斑，各鳍灰黄色。

资源状况与分布

加那利舌鳎分布于大西洋西非水域，一般栖息于 15～100 米水域，老龄舌鳎主要分布于近岸水域，幼鱼分布于浅海区域，成鱼分布分散，水深较深。

黑斑十指马鲅分布于大西洋东海岸，北至毛里塔尼亚，南至安哥拉海域，幼鱼栖息于浅水区域，成鱼栖息水深稍深，易形成鱼群。

短颌拟牙鲻分布于东大西洋热带海域，西非沿海均有分布，栖息水深 10～80 米，产卵期 3—8 月。

综合利用

舌鳎含蛋白质、脂肪等，肉质细腻味美，经济价值高，一般采用整鱼冷冻加工，或进入加工厂切片后销售，主要采用拖网方式捕捞，可全年捕捞，产量较高。

黑斑十指马鲅富含蛋白质、不饱和脂肪酸、DHA、牛磺酸，以及人体所需的微量元素铁、磷、钙等，肉质鲜美，多采用整鱼冷冻加工，也有腌制制成鱼干，采用拖网方式捕捞，产量较高。

短颌拟牙䲁含有丰富的蛋白质、微量元素和维生素，肉嫩味美，为重要经济鱼类，一般整鱼冷冻加工，少量制成鱼干销售，采用拖网方式捕捞，全年可生产。

加那利舌鳎

黑斑十指马鲅

短颌拟牙䲁

南海金枪鱼

生物学特征

南海大型金枪鱼以黄鳍金枪鱼（*Thunnus albacares*）为主，大目金枪鱼（*Thunnus obesus*）也常见，均属鲈形目，金枪鱼科，金枪鱼属。

黄鳍金枪鱼英文名为 Yellowfin tuna，俗称黄鳍鲔、鱼串子，南海地方名为黄鲮甘。其体纺锤形，稍侧扁；尾柄细，眼中大。成鱼臀鳍与第二背鳍皆延长呈镰刀状，幼鱼体侧有较规则的银白色点及横带。该鱼最大叉长可达205厘米，体重175千克。南海延绳钓渔获以叉长95～155厘米的2～3龄鱼为主。

大目金枪鱼英文名为 Bigeye tuna，俗称肥壮金枪鱼、大目鲔、大目串，南海地方名为大目甘。其体纺锤形，肥满粗壮；尾柄短，眼特大，大于吻长之半。臀鳍与第二背鳍皆不特别延长，远短于胸鳍长。幼鱼体侧常见不规则横带。该鱼最大叉长可达240厘米，体重200千克。南海延绳钓渔获以叉长92～164厘米的3～5龄鱼为主。

资源状况与分布

这两种金枪鱼分布于南海中南部深水区，成鱼主要栖息在 50～350 米水层，传统上只有延绳钓才能有效捕捞。黄鳍金枪鱼主要在温跃层以上水层活动，大目金枪鱼则主要在温跃层以下活动。

这两种金枪鱼主要由中西太平洋洄游进入，也有南海地方群体。外来鱼群 8—10 月进入南海，次年 6—8 月淡出。吕宋海峡和南海与苏禄海之间的海峡是鱼群进出南海的主要通道。进入南海的金枪鱼数量存在年间差异。南海大型金枪鱼目前渔获量约 2 万吨 / 年，资源已经处于充分利用状态。

综合利用

金枪鱼肉质柔嫩、鲜美，蛋白质含量很高，富含 DHA、EPA 等具有生物活性的多不饱和脂肪酸，同时，甲硫氨酸、牛磺酸、矿物质和维生素含量丰富，是国际营养协会推荐的绿色无污染健康美食。目前，金枪鱼的加工主要是以生产生鱼片、鱼松和金枪鱼罐头为主。

南海金枪鱼历史上由日本和中国台湾地区延绳钓船所捕捞，后因上钓率下降而淡出。越南延绳钓船因生产成本低而于 20 世纪 90 年代兴起，

2012年金枪鱼产量已达1.6万吨。华南渔民多次延绳钓探捕都因经济效益不佳而中止，鸢乌贼灯光罩网渔船目前可兼捕到少量大型金枪鱼类。

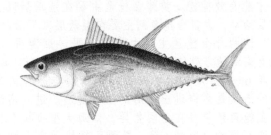

黄鳍金枪鱼模式图

南海捕捞的黄鳍金枪鱼

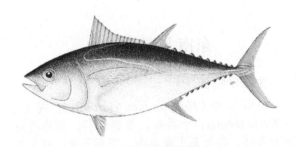

大目金枪鱼模式图

南海捕捞的大目金枪鱼

东南非深水虾类

生物学特征

桃红对虾（*Haliporoides triarthrus*），英文名为 Knife shrimp，十足目，管鞭虾科，拟海虾属，俗称刀虾。其额角上缘具齿，下缘无齿，颈沟深，伸至头胸甲背面附近或跨越额后脊。

拟须虾（*Aristeomorpha foliacea*），英文名为 Giant red shrimp，属十足目，须虾科，拟须虾属，俗称酯红虾。其体侧扁，腹部发达。第二腹节的侧甲部覆盖第一腹节。第三颚足7节，第三对步足呈螯状，鳃枝状。

东非后海螯虾（*Metanephrops mozambicus*），英文名为 African lobster，属十足目、海螯虾科、后海螯虾属，俗称海螯虾。有坚硬、分节的外骨骼，胸部具五对足（其中一或多对常变形为螯，一侧的螯通常大于对侧者），尾部和腹部的弯曲活动可推展身体前进。

帝加洛真龙虾（*Palinurus delagoae*），英文名为 Red spiny lobster，属十足目，龙虾科，真龙虾属，俗称玫瑰龙虾。其头胸部略呈圆筒状，腹部较为扁平，尾扇柔软而半透明，额板具 2 对短粗大棘和分散小棘，头胸甲背面密布大大小小的棘。

资源状况与分布

桃红对虾在莫桑比克深水海域均有分布，在马达加斯加岛西南部也有分布。栖息水深范围为 180～650 米。喜欢软泥有孔洞的底质，分布在大陆坡边缘。

拟须虾分布范围较广，水深从 100～1 000 米均有分布，主要栖息于 400～800 米水深，喜欢软泥底质。

东非后海螯虾分布于东非肯尼亚至南非海域及马达加斯加西海岸，水深分布 200～750 米，其中 400～500 米水深最常见。

帝加洛真龙虾主要分布于南纬 17°～32°，150～600 米水深。喜欢栖息于石头底质区域、富含有机物的土质底质、沙质及珊瑚底质海底。帝加洛真龙虾幼体和未达性成熟个体靠近岸及近海活动，达到性成熟从近海至深海繁殖。

综合利用

虾营养丰富，肉质鲜美，含蛋白质较高，并含脂肪、碳水化合物、钙、磷、铁、碘、硒、维生素 A、B 族维生素、烟酸，还含有丰富的有抗衰老功效的维生素 E 等，属于高价值水产品，加工一般采用整虾冷冻加工，也有部分去头后冷冻加工。捕捞主要采用拖网作业，分为双支架拖网和尾拖网两种作业方式，一般浅水采用双支架拖网，深水采用尾拖网。可全年捕捞，高产期间日产量可达 1 吨以上。

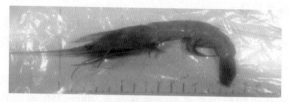

桃红对虾

拟须虾

东非后海螯虾

帝加洛真龙虾

虾拖网作业示意图

东南非浅水虾类

生物学特征

印度明对虾（*Fenneropenaeus indicus*），英文名为 Indian white prawn，属十足目，对虾科，明对虾属，俗称印度白对虾、印度白虾。其头胸甲较坚硬宽大，中央前端延伸成长而呈尖的额角，上缘具7～9齿，下缘具3～4齿，额角下两侧具眼1对，有柄；额角侧脊伸至胃上刺附近，额角后脊仅伸至头胸甲中部；颈沟、肝沟细而明显，肝刺清晰，眼眶触角沟较宽，眼胃脊甚明显。

刀额新对虾（*Metapenaeus monoceros*），英文名为 Speckled shrimp，属十足目，对虾科，对虾属，俗称独角新对虾、麻虾、花虎虾、砂虾、红爪虾。其头胸甲具明显的心鳃沟和心鳃脊，肝沟明显，具肝刺、触角刺及眼上刺，无颊刺。前三对步足具基节刺，第一步足具座节刺，第五步足无外肢，第七胸节有侧鳃，第三鄂足无肢鳃。

宽沟对虾（*Melicertus latisulcatus*），英文名为 Western King prawn，属十足目，对虾科，沟对虾属，俗称国王虾。体表光滑，浅土黄色，尾肢末半部天蓝色，身体没有鲜艳的横行色沟。额角侧沟深而宽，延伸至头胸甲后缘，尾节侧缘具可动刺3对。

斑节对虾（*Penaeus monodon*），英文名为Giant tiger prawn，属十足目，对虾科，对虾属，俗称黑虎虾、大紫虾。个体较大，身体侧扁，腹部发达，额角上、下缘都有齿；头胸甲具触角刺、肝刺及胃上齿，无额胃脊，肝脊明显而平直；额角侧沟短，向后超不过头胸甲中部。

资源状况与分布

浅水虾主要栖息在10～40米水深的海域，栖息场所底质为泥沙层、软泥、沙砾、烂珊瑚层地带，浅水虾渔场底质较差，特别是产卵场的底质多为沙砾和岩礁。印度明对虾分布于东非、南非、马达加斯加、海湾地区、巴基斯坦等海岸，喜欢沙泥质水底，成虾一般分布在30米以内的深度，但也有分布在90米深度。刀额新对虾主要分布于日本东海岸、中国东海与南海、菲律宾、马来西亚、印尼、非洲沿岸及澳大利亚一带。宽沟对虾广泛分布于印度洋—西太平洋区。斑节对虾分布于澳大利亚、东南亚、南亚和东非沿岸。

综合利用

虾营养丰富，肉质鲜美，含蛋白质较高，属于高价值水产品，采用整虾冷冻或去头冷冻加工。主要采用拖网方式捕捞，一般采用双支架拖网，可全年捕捞，网产较高，日产量可达 1 吨以上。

印度明对虾

刀额新对虾

宽沟对虾

斑节对虾

西非头足类

生物学特征

真蛸（*Octopus vulgaris*），英文名为 Common octopus，属八腕目，章鱼科，章鱼属，俗称章鱼、八爪鱼，英文商品名为 Tako、Pulpo。其胴部卵圆形，稍长，体表光滑型，具极细的色素点斑，胴背具一些明显的白点斑；短腕型，稍长，腕长约为胴长的4～5倍，各腕长度相近，腕吸盘2行。

柏氏乌贼（*Speia bertheloti*），英文名 African cuttlefish，属乌贼目，乌贼科，乌贼属，俗称有针墨鱼，英文商品名为 Sepiola。

商乌贼（*Speia officinalis*），英文名为 Common cuttlefish，属乌贼目，乌贼科，乌贼属，俗称乌贼、墨鱼，英文商品名 Mongo、Choco、Seiche。分头、胴体两部分，头部前端有5对腕，其中4对较短，每个腕上长有4行吸盘，另一对腕很长，吸盘仅在顶端；胴体部分稍扁，呈卵圆形，灰白色，肉鳍较窄，位于胴体两侧全缘，在末端分离，背肉中央一块背骨（即海螵蛸）。

资源状况与分布

真蛸分布于大西洋、地中海、印度洋等潮间带海域，主要栖息在200米水深以浅的海域，栖息场所底质为岩礁、沙砾，主要捕捞国家有摩洛哥、毛里塔尼亚、塞内加尔、几内亚比绍、几内亚等。

柏氏乌贼分布于非洲西海岸，北至毛里塔尼亚，南至安哥拉海域，栖息于20～160米水深海域，底质以沙砾和岩礁。

商乌贼分布于东大西洋，栖息于30～200米深水海域，底质以沙质、石砾、贝壳、岩礁为主。主要捕捞国家包括摩洛哥、毛里塔尼亚、塞内加尔、几内亚比绍、几内亚、加纳等。

综合利用

真蛸营养价值高，富含蛋白质、脂肪、人体所需的微量元素等。以食用为主，采用去内脏后冷冻加工，也有部分制成干品。主要以拖网方式捕捞，也可使用笼壶捕捞。

乌贼含丰富的蛋白质，壳含碳酸钙、壳角质、黏液质，以及少量氯化钠、磷酸钙、镁盐等。以食用为主，采用整鱼冷冻加工。主要采用拖网方式捕捞，一般采用双支架拖网或尾拖网，可全年捕捞，4—9月为旺汛期，网产可达1吨以上。

真蛸

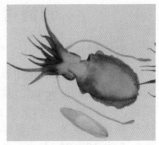

柏氏乌贼

商乌贼

南海鸢乌贼

生物学特征

鸢乌贼（*Sthenoteuthis oualaniensis*），英文名 Purpleback flying squid，属枪形目，柔鱼科，鸢乌贼属，俗称南鱿、红鱿。南海鸢乌贼有中型群和微型群两种群体。中型群个体较大、数量较多，胴长多在 10～22 厘米，体重多在 38～540 克，胴体背面有白色发光斑，渔获重量占 95% 以上；微型群个体较小，胴长多在 6～12 厘米，体重多在 8～59 克，背面无发光斑。

资源状况与分布

鸢乌贼属大洋性种类，分布于印度洋、太平洋的赤道和亚热带海域，其中以南海外海和印度洋西北部的资源量较大。鸢乌贼白天栖息于表层至 1 000 米水深，夜晚上浮至 100 米以下浅水层。南海外海鸢乌贼分布广泛，3 个重点渔场分别是西中沙西南渔场、南沙北部渔场，以及吕宋海峡以西渔场。南海鸢乌贼数量很大，但资源尚未充分利用。据渔业水声学调查评估，南海外海鸢乌贼的可捕量可达 700 万吨/年，但目前我国的渔获量不足 5 万吨/年，因此，鸢乌贼是南海外海最具开发潜力的种类。

综合利用

鸢乌贼肉质较硬，不适合以鲜品直接销售。在南海捕获的鸢乌贼主要用于加工鱿鱼丝。鸢乌贼高蛋白质、低脂肪，富含氨基酸，必需氨基酸的构成比例符合 FAO（联合国粮农组织）和 WHO（世界卫生组织）标准。其胴体和头足必需氨基酸含量分别占氨基酸总量的 40.9% 和 40.1%，鲜味氨基酸分别占 45.9% 和 46.5%，必需氨基酸指数分别为 79.6 和 75.5，不饱和脂肪酸含量较高，EPA 与 DHA 质量分数分别为 6.9%、5.67% 和 15.26%、22.08%。因此，南海鸢乌贼具有较高的营养价值和保健作用，具有较好开发前景，可通过鱼糜加工（鱼丸、鱼糕等）来开拓市场。

鸢乌贼具有趋光性，南海渔民主要通过灯光罩网进行捕捞。灯光罩网可在近海、外海和岛礁附近海域作业，可灵活调整作业渔场和捕捞对象，是一种非常有效的鸢乌贼捕捞方法。通过发展大型灯光罩网渔船来开发鸢乌贼资源是南海外海渔业的主要发展方向。

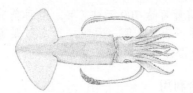

南海鸢乌贼模式图

南海鸢乌贼（中型群）

南海鸢乌贼渔获

第二章
远洋捕捞新装备与新技术

金枪鱼渔场监测电浮标

技术目标

可长期自主工作的小型漂浮浮标，可以探测金枪鱼鱼群。主要用于探测金枪鱼渔场，提高捕捞的精准度，减少无效航行，节省燃料，提高经济效益。

技术要点

（1）太阳能供电技术，利用太阳能电池在充电管理系统的控制下对蓄电池进行充电，为浮标系统提供能量供应，可实现长时间工作。

（2）采用小型垂直声呐，以1.25米为单位，在5～200米的深度范围内探测是否有鱼群存在。

（3）采用卫星通信技术，可实现全球范围内的数据传输，浮标可工作于全球的所有渔场。

（4）浮标一旦启动就可自动传回GPS位置、水温、电量并可通过程序设置是否传回渔情信息。

（5）可通过发送指令，启动闪光电路，便于发现回收浮标。

（6）声呐探测鱼群的时间间隔和发射数据时

间间隔均可通过发送指令调整，根据情况节省能量和数据通信费用。

（7）采用压缩数据传输方式，节省卫星通信费用。

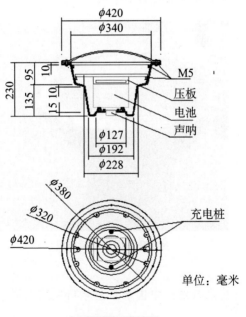

电浮标样机设计图

单位：毫米

适用范围

适用于金枪鱼围网渔场的渔情监测。主要目的是用于渔业生产，通过增加传感器亦可用于科学研究的环境数据自动采集。

金枪鱼围网电浮标样机

技术来源：中国水产科学研究院东海水产研究所

渔用 360° 扫描声呐

技术目标

基于大功率、高带宽渔用扫描声呐探测技术研究，自主研发的 360° 扫描声呐助渔仪器，可实现远洋捕捞远距离鱼群探测、目标跟踪等关键技术需求，可实现高效精准捕捞，降低捕捞作业能源消耗。主要用于深海鱼群，以及中上层、浅层等非底栖类鱼群的探测。

技术要点

渔用 360° 扫描声呐将 90° 伞形区域内电子精确扫描、360° 机械切换技术融为一体，提高了区域扫描精度，降低了整机成本。系统由换能器基阵、收发单元、机械回转升降单元、信号处理机、控制及操作软件构成。

渔用 360° 扫描声呐通常安装在渔船底部，作业时，通过控制升降机构使声呐换能器从船底伸出。声呐可在 90° 开角范围内扫描前方鱼群。如需扫描两侧或后方时，可控制声呐换能器机械旋转机构带动换能器转动 ±（90°～180°），实现声呐在 360°

范围内探测无死角。最大水平扫描距离达 4 000 米。解决了国内渔船由于缺乏渔用 360° 扫描声呐，而无法确定鱼群的方向，需不断寻找鱼群，而带来的能源浪费等问题。与国外主流扫描声呐，如挪威的 simrad S90、日本 FURUNO FSV-35 等相比，本机相关技术参数已经达到国内外的先进水平。

适用范围

适用于深水鱼群、虾群探测。可用于拖网、围网、舷侧起网等作业渔船以及渔业科学调查船。

换能器阵　　　　渔用 360° 扫描声呐主机

技术来源：中国水产科学研究院渔业机械仪器研究所

深水拖网绞机

技术目标

深水拖网绞机技术上解决了深水拖网主绞机大容绳量和高速起放网的协调性技术问题，满足远洋渔船在 500～1 000 米的深水层进行放网、拖网、起网的作业要求。

技术要点

深水拖网绞机主要包括卷筒、离合器、制动器、排绳器等几部分，由动力源输出的动力，离合器接合，使可容纳几百甚至几千米曳纲的卷筒转动。通过制动装置进行抱闸控制以调整卷筒转速，保持曳纲张力，使网板和网形能在预定海域中正常张开；或将卷筒刹死，拖网随渔船的拖曳而在水域中移动。曳纲绞车的主轴端部还装有摩擦鼓轮或副卷筒，行牵引网具、吊网和卸鱼等作业。排绳器用于使曳纲在卷筒上均匀顺序排列堆叠。此外，纲绞车还具有防止超载、超速、机旁控制、船尾远距离控制和驾驶室或操纵室控制等装置。拖网曳纲绞车按所拥有的卷筒数量可分为双卷筒、单卷筒和多卷筒曳纲绞车。前两种是普遍采用的机型。绞纲机组分散安装，于船上布置。对于一些要求快速、高精度响应的远洋深水拖网捕捞场合，采用负载敏感技术可以使得系统的功率损耗较传统的常规液压泵大大降低，也意味着同样的工作量将会节省更多的能源。拖网作业可由单船或双船进行，曳纲的张力可控。

适用范围

深水拖网绞机适用于 500～1 000 米深水拖网工作。

深水拖网绞机

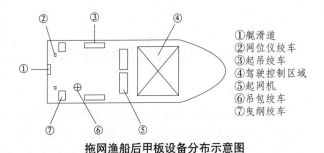

①艉滑道
②网位仪绞车
③起吊绞车
④驾驶控制区域
⑤起网机
⑥吊包绞车
⑦曳纲绞车

拖网渔船后甲板设备分布示意图

技术来源：中国水产科学研究院渔业机械仪器研究所

JWG10/20 型舷侧起网成套装备

技术目标

自主研发的 JWG10/20 型秋刀鱼舷侧起网成套装备，可沿船舷多节串联，连接长度达 30～40 米，用于远洋秋刀鱼捕捞渔船舷侧起、放网作业。

技术要点

JWG10/20 型秋刀鱼舷侧起网装备由舷侧滚筒（额定拉力 10 千牛，额定速度 30 米/分钟）、浮棒绞车（额定拉力 20 千牛，额定速度 30 米/分钟）、网纲绞车（额定拉力 20 千牛，额定速度 30 米/分钟）及液压系统等设备组成。创新并优化了舷侧滚筒传动鼓形齿轮结构，在传动副夹角 3° 内时，提高了原有传动的稳定性。采用在舷侧滚筒的两侧均设置马达，减小了所需要单台马达的功率，使马达体积减小 30%。构建了同步阀，解决各个滚筒转速不同步的问题，提高了系统的稳定性。

起网时，浮棒绞车逐渐绞收舷侧网的浮棒，使之逐渐向船舷靠拢。将舷侧起网滚筒摆向舷外，起网装备内置的网纲绞机绞收网纲，人工辅助整理铺设在起网滚筒上的网衣，直至网内鱼群汇聚，可以通过吸鱼泵将鱼群吸捕，吸捕作业完成后，可将网整片收起至甲板上。目前，该设备已实现产业化，在辽宁省大连海洋渔业集团公司等13艘远洋渔船上得到推广应用，单船渔获产量高达2 600吨。

适用范围

　　JWG10/20型秋刀鱼舷侧起网装备，适用于50～80米船长的远洋秋刀鱼舷提网作业。

JWG10/20型秋刀鱼舷侧起网装备

舷侧滚筒

技术来源：中国水产科学研究院渔业机械仪器研究所

I 型南极磷虾拖网

技术目标

针对南极磷虾捕捞装备国产化需求，自主设计适合在南极海域使用的具有阻力较小、网口垂直扩张较好等性能良好的生态友好型南极磷虾拖网。自主研制的 BAD13B00-TN01 型南极磷虾拖网设计拖力控制在 2.5 千牛，符合磷虾移动速度较慢的特征；阻力控制在 15 吨左右，符合渔船主机功率；网口垂直扩张控制在 20～30 米，增加捕捞效率；网目尺寸设计符合磷虾体长特征，并增加内衬网衣，同时尽量减少内网对网具性能的影响。

技术要点

（1）结构形式：BAD13B00-TN01 型网型为单船有翼单囊拖网，六片式双层结构，网口周长为 246 米，网身长度为 101.6 米，网口网目数为 820 目，网目尺寸为 300 毫米；内网网目尺寸为 20～30 毫米，囊网长度为 45 米，囊网内网网目尺寸为 15 毫米；上下纲长度为 63.14 米，侧纲长度为53.8米。

（2）工艺特点：缝合边采用各3目绕缝，形成网衣网筋后再加装超高强纲索，绕缝边锁结距离缩小，每网目进行一次锁结；内网缝合边预装尼龙纲索，进行超密集全覆盖式缝合，再加装超高强纲索，密集缝合，并与外网网筋缝合；网囊前端加装横向加强网筋，提高网具的抗破断能力；网筋与上下纲索、侧网纲索外层包装耐磨网衣，提高纲索耐磨性；网囊采用四层结构，最外为防磨片，其次为受力层，再次为加强层，最内为内衬小网目网衣，提高网囊的使用寿命。

（3）作业调整：BAD13B00-TN01型拖网可以通过调节曳纲的长度和浮子的数量，对网具所处作业水层进行调整，以便捕捞具有昼夜浮沉生活习性的南极磷虾，同时可以通过调整所配套的水平扩张装置，调整网口的横向水平扩张，以增加网口面积，提高捕捞效率。

适用范围

5 000～8 000马力（1马力=0.735千瓦，全书同）大型南极磷虾拖网加工渔船。

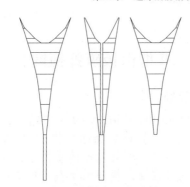

I 型南极磷虾拖网网图

I 型南极磷虾拖网实物图

技术来源：中国水产科学研究院东海水产研究所

Ⅱ型南极磷虾拖网

技术目标

在 BAD13B00-TN01 型拖网基础上，进一步优化设计，形成性能更加优良的 TN02 型南极磷虾拖网，在不降低网具性能的前提下，通过增加网衣所用网线强度，提高承受载荷能力；增加防磨层，降低网囊底部磨损；选用新型可拆卸式浮子，避免挂网；减少下纲的重量，便于调节拖网的作业水层，降低破网等事故发生概率，提高捕捞效率。

技术要点

（1）结构形式：BAD13B00-TN02 型南极磷虾拖网系单船有翼单囊拖网，六片式双层结构，背、腹网对称；网口周长为 246 米，网身长度为 101.6 米，网口网目为 820 目，网目尺寸 300 毫米，内网网目尺寸为 20～30 毫米。

（2）工艺特点：该网外网采用 6 片缝合，分别安装加强网筋，外网网囊前端安装横向加强网筋。内网采用 4 片结构，网衣规格比外网增大

15%，以利于外网受力，分别安装加强网筋。内外网网筋聚合缝合，并外包耐磨网衣。网身后3段分段加装内网，材料为18股PA经编网片，网目尺寸为30毫米、25毫米、20毫米，对边采用先由直径4毫米PA编织线全内穿，并全覆盖式密集绕缝，形成直径约8毫米的网衣网筋，再加装直径12毫米的超高强PE十二股纲索，同样采用全覆盖式密集绕缝，形成内网网筋，外部再加装PA防磨经编网片。内网长度比缝合外网长2米左右，拉紧周长比外网增加15%。浮力采用直径为360毫米、耐压水深900米穿心浮，预加浮力为1.5吨。

（3）作业调整：BAD13B00-TN02型拖网可以通过调节曳纲的长度和浮子的数量，对网具所处作业水层进行调整，以便捕捞具有昼夜浮沉生活习性的南极磷虾，同时可以通过调整所配套的水平扩张装置，调整网口的横向水平扩张，以增加网口面积，提高捕捞效率。

适用范围

5 000～8 000马力大型南极磷虾拖网拖网渔船。

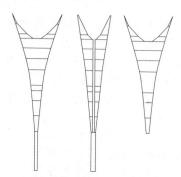

Ⅱ型南极磷虾拖网网图

Ⅱ型南极磷虾拖网实物图

技术来源：中国水产科学研究院东海水产研究所

Ⅰ型南极磷虾拖网水平扩张装置

技术目标

南极磷虾拖网为中上层作业网具，网口周长较大，拖曳速度较低，需要配备优良扩张性能的网板以达到有效扩张网口。Ⅰ型南极磷虾拖网钢制网板可以在较低拖速下产生足够的扩张力以扩张南极磷虾拖网网口，增加捕捞效率。

技术要点

（1）结构性能：Ⅰ型南极磷虾拖网钢制网板为立式Ｖ形曲面结构，翼弦2.2米，翼展5.5米，投影面积12.1平方米，重量3.35吨。该装置在临界冲角40°时升力系数为2.46；最大升阻比为5.89。

（2）制作装配：南极磷虾拖网钢制网板的结构包括网板叉纲板，中间曳纲板，网板导流板，网板主面板，板间加强板，曳纲拉板，拖铁附板，拖铁与上平衡板。两块对称结构的网板装配于拖网网口两侧，网板前部通过曳纲拉板连接曳纲，网板后部通过上下两块叉纲板连接上下叉纲。

（3）作业调整：Ⅰ型南极磷虾拖网钢制网板

可以通过改变曳纲拉板的开孔连接及叉纲板的拉孔连接来调整作业冲角，可调整得到冲角为22°、25°、27°、29°、31°和33°，网板的重量可以通过调整拖铁的数量来控制。

特征特性

I型南极磷虾拖网钢制网板采用4片式叶板设计，其中导流板2片，平行主叶板2片。前导流板水平倾角30°，曲率12.0%；后导流板水平倾角25°，曲率12.0%；前主叶板水平倾角18°，曲率14.6%；后主叶板水平倾角6°，曲率12.0%。

适用范围

适用于南极磷虾拖网及中层或浅表层拖网作业。

I型南极磷虾拖网水平扩张装置实物图

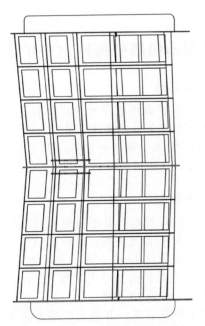

I 型南极磷虾拖网水平扩张装置示意图

技术来源：中国水产科学研究院东海水产研究所

Ⅱ型南极磷虾拖网水平扩张装置

技术目标

Ⅱ型南极磷虾拖网水平扩张装置为组合型网板，由钢制框架与超高分子量聚乙烯板组合而成，在保证网板结构强度的前提下降低网板的自重，适用于低拖速的南极磷虾拖网等网具作业。

技术要点

（1）结构性能：Ⅱ型南极磷虾拖网组合型网板为立式V形曲面结构，翼弦2.83米，翼展4.66米，投影面积约13平方米，重量约1.7吨。网板的最大升力系数为2.63（冲角32.5°），最大升阻比为5.80（冲角17.5°）。

（2）制作装配：Ⅱ型南极磷虾拖网钢制网板的结构包括网板叉纲板，中间曳纲板，网板导流板，网板主面板，板间加强板，曳纲拉板，底拖板，浮箱与顶部叶板。网板的导流板与主面板均由钢制框架与聚丙烯材料板材组成。其中钢制框架的框架内部镶嵌聚丙烯材料板材，然后将超高分子量聚乙烯板材覆盖固定于钢制框架两面，并利用铜制铆钉固定，使各组成的弧度贴合，表面光滑。两块对称结构的网板装配于拖网网口两侧，网板前部通过曳纲拉板连接曳纲，网板后部通过上下两块叉纲板连接上下叉纲。

（3）作业调整：Ⅱ型南极磷虾拖网组合型网板的使用同与钢制网板，通过改变曳纲拉板的开孔连接及叉纲板的拉孔连接来调整作业冲角，可调整得到冲角为 22°、25°、27°、29°、31° 和 33°，网板的重量可以通过增减底拖板来控制。

特征特性

南极磷虾拖网组合型网板采用 4 片式叶板设计，其中导流板 2 片，平行主叶板 2 片。前导流板水平倾角 30°，曲率 12.0%；后导流板水平倾角 25°，曲率 12.0%；前主叶板水平倾角 18°，曲率 14.6%；后主叶板水平倾角 8°，曲率 12.0%。

适用范围

适用于南极磷虾拖网及中层或浅表层拖网作业。

Ⅱ型南极磷虾拖网水平扩张装置示意图

Ⅱ型南极磷虾拖网水平扩张装置实物图

技术来源：中国水产科学研究院东海水产研究所

改进型秋刀鱼舷提网

技术目标

舷提网是秋刀鱼的主要捕捞方式，随着捕捞甲板装备和捕捞技术的不断发展，现常用的秋刀鱼舷提网在捕捞作业过程中容易出现鱼体刺挂和逃逸造成网衣破损现象，影响捕捞秋刀鱼生产效率。针对捕捞作业中存在的问题，对秋刀鱼舷提网主网衣取鱼部网衣材料进行了优化改进，采用高强度聚乙烯（HSPE）编织线材料，并与原主网衣相缝接，增强取鱼部网衣强度。经海上生产试验，该改进型舷提网渔具作业性能较为稳定，单网次平均产量处于西北太平洋公海周边国家和地区同等水平。

技术要点

改进型高强度秋刀鱼舷提网属浮敷类网具，网具形状为长方形，采用捆绑竹竿作为浮棒。上下纲均为尼龙绳，长38.3米；网具两侧各一侧纲，长41.7米；主网衣由上缘网衣、下缘网衣、主网衣、侧缘网衣组成，网目尺寸大小分别为30毫米、30毫米、24毫米、120毫米，其中主网衣取鱼部网衣材料进行了优化改进，采用高强度聚乙烯（HSPE）编织线材料，并与原主网衣相缝接。浮棒总浮力为 19 209 牛，沉子纲总沉力为 6 076 牛。经过水槽和海上实测实验发现，该舷提网渔具各项性能参数和指标正常，另外该秋刀鱼舷提网渔具采用高强度聚乙烯编织线作为改进型渔具的取鱼部网衣材料，可有效增加主网衣的抗穿刺性能，防止秋刀鱼群的逃逸，同时还可有效降低网具的水阻力，明显提高了舷提网主网衣的强度和使用寿命，有效节约了捕捞作业成本。

适用范围

北太平洋秋刀鱼捕捞作业渔船。

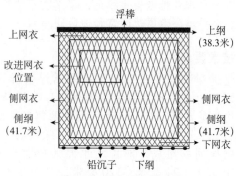

改进型秋刀鱼舷提网示意图

（A）侧纲的装配 （B）浮棒 （C）主网衣与上缘网、
侧缘网的角部装配 （D）沉子纲、下缘网与主网衣的装配
（E）沉子纲与侧纲角部装配 （F）侧纲、侧纲圆环与括纲

捕捞生产船舷提网装配图

技术来源：上海海洋大学

秋刀鱼两用 LED 集鱼灯

技术目标

自主研发设计的一种两用 LED 集鱼灯解决了现有的集鱼灯不能聚集两种鱼类，以及采用金属卤化物灯使用寿命短的问题。两用集鱼灯包括呈板状的灯体，灯体的一侧设有发光单元，其另一侧设有散热单元，灯体上还设有用于将灯体固定在船舶钢管上的固定结构，发光单元包括铝基板，铝基板上设有由若干第一 LED 构成的白光带和由若干第二 LED 构成的红光带，白光带为若干个且呈阵列分布，红光带为若干个且呈阵列分布，红光带与白光带交叉设置，灯体上还设有透镜。该两用集鱼灯具有操作方便、节能、使用寿命长等优点。

技术要点

两用 LED 集鱼灯，包括呈板状的灯体（一侧设有发光单元，其另一侧设有散热单元），灯体上还设有用于将灯体固定在船舶钢管上的固定结构，还设有透镜。该处设置的透镜对铝基板具有保护作用，铝基板设于透镜内侧，能有效提高铝基板的使用寿命。其中白光带呈阵列分布，可以是矩形阵列，也可以是环形阵列。白光带和红光带由同一个开关控制，该开关有三挡，开关拨到一挡时白光带工作，拨到二挡时红光带工作，拨到三挡时红光带与白光带停止工作。透镜由 PC 材料制成，且该透镜向一侧凹入形成用于容纳铝基板的容纳腔，容纳腔的开口处具有与灯体贴靠设置的翻边，铝基板上还设有用于将翻边固定在灯体上的锁紧单元。每个白光带由 15 粒均匀分布的第一 LED 构成，第一 LED 的色温为 6 000 开尔文；每个红光带由 15 粒均匀分布的第二 LED 构成，第二 LED 的色温为 1 300 开尔文。红光带开启时可聚集秋刀鱼，代替原 4 500 瓦金属卤化物灯，白光带开启时可聚集鱿鱼，可代替 2 000 瓦金属卤化物灯，大大节约了能源。将红光带和白光带设计成输入参数一样的情况下，通孔控制开关的不同挡位，以实现红光与白光的切换，捕不同的鱼类时，不需要拆卸更换灯具，大大节约了时间与人工。

适用范围

北太平洋秋刀鱼捕捞作业渔船。

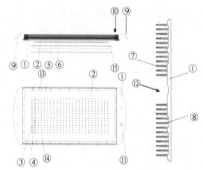

①灯体 ②铝基板 ③白光带 ④红光带 ⑤透镜
⑥压圈 ⑦散热板 ⑧散热条 ⑨抱紧箍 ⑩金属防水接
头 ⑪安装孔 ⑫通槽 ⑬第一 LED ⑭第二 LED
⑮翻边

两用 LED 集鱼灯构造示意图

两用 LED 集鱼灯实物图

秋刀鱼渔船两用 LED 集鱼灯装配图

技术来源：上海海洋大学，温岭市光迪光电有限公司

秋刀鱼泵吸成套装备与技术

技术目标

秋刀鱼舷提网渔船均配备一套吸鱼、分鱼系统。该套系统主要包括吸鱼泵、鱼水分离器及鱼体选别机（分级装置）等。上海海洋大学针对秋刀鱼渔船甲板装备存在问题和不足，提出了改进和优化配置方案，与宁波捷胜海洋装备股份有限公司联合开展了秋刀鱼渔船甲板主要渔捞装备研发、改进与推广工作，基本实现了秋刀鱼渔船甲板渔捞装备国产化。

技术要点

目前，大型秋刀鱼舷提网渔船使用的吸鱼泵一般为真空旋转式无叶片吸鱼泵。鱼水分离器是吸鱼泵的重要配套装置，主要用于把吸鱼泵抽吸上来的鱼水混合物经过鱼水分离器使其达到鱼和水分离。其工作原理是从入鱼通道将鱼水混合物吸入，抽吸上来的鱼群经过箱体内的渗水板，鱼体从排鱼口排出，被分离出的水直接从渗水板渗出，从下方的排水通道排出，落至排水槽中，通过管路流入大海。秋刀鱼鱼水分离器主要由箱体、渗水板、吸鱼通道、排水通道、支脚等几部分组成。渗水板下方有一个排水通道，由出水口排出被分离出的水。为了给鱼体一个下滑速度，该设备与水平面呈 15°～20° 倾角，靠 4 根支脚固定。

秋刀鱼分级装置是秋刀鱼舷提网渔业中最为重要的助渔装置之一，可对同类型鱼体大小进行选别。分级装置主要由通过 9～11 根前粗后细、呈锥形的不锈钢钢管平行排列组成，钢管最粗一端直径为 60 毫米，最细一端直径为 55 毫米，总长为 2 000～2 500 毫米。钢管之间的间距可以调节，所有钢管与水平位置呈一固定角度放置。该设备依靠油压马达带动工作。开启后，钢管会自动旋转。鱼体从钢管最粗端至最细端横向移动。根据不同鱼的体宽大小，小鱼从前面坠落，大鱼从后面坠落，以期达到自动分级的目的。

主要性能参数为：回转速 600～650 转 / 分钟；扬程 6～8 米；使用压力 140 千克 / 平方厘米；输送能力 60～100 吨 / 小时。

适用范围

大型秋刀鱼舷提网渔船。

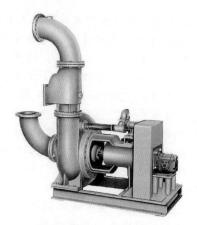

真空旋转式无叶片吸鱼泵

鱼水分离器

F063 鱼类分级装置

技术来源：上海海洋大学，宁波捷胜海洋装备股份有限公司

新型过洋性底层拖网

技术目标

随着远洋渔业的发展，新渔场、新资源的逐步开发，传统的底层拖网已不能满足作业需求。根据新的作业要求，通过改变网具材料、网型结构等，开发新型远洋底层拖网，满足远洋渔业发展需求。

技术要点

（1）新型底层拖网网具规格普遍较大。远洋渔业传统底层拖网网具规格（网口周长）一般在60～100米，捕捞带鱼等的网具规格可以达到300米左右。新型底层拖网网具规格一般在100米以上，主要集中于300～500米，最大可以达到700米以上。

（2）新型远洋渔业底层拖网网目尺寸较大。传统底层拖网网目一般在150毫米左右，最大达到6 000毫米。新型网具网目尺寸一般在600毫米以上，最大达到14 000毫米左右。网目尺寸的增加，可有效扩大网具的扫海面积，降低网具的拖曳阻力。

（3）新型底层拖网的能耗系数较低，一般在 0.9～1.3，传统网具能耗系数一般在 1.9～2.5。

适用范围

远洋底层拖网适用于 441～1 837 千瓦渔船，可适用于 20～500 米水深作业，主要捕捞鲷科类、带鱼、鲐鲹类等。

新型过洋性底层拖网实物

技术来源：中国水产科学研究院东海水产研究所

新型过洋性底层拖网网板

技术目标

自主研发的新型过洋性底拖网网板，通过改变网板翼型以及增加前端导流板等技术措施，提高网板的水动力性能，增大网板的水平扩张力，减小网板水中拖曳阻力，进而提高网具的渔获效率。

技术要点

底层网板一般在拖曳过程中与海底接触，为了提高网板曳行过程中的稳定性，网板宽度低于网板长度。选用椭圆形网板，提高网板在曳行过程中越过海底障碍物的能力。选用矩形网板，能提高网板的贴底性。新型网板面板采用曲面结构，同时，在前端增设导流板，改变网板背部流态，达到提高扩张效率的同时减小网板阻力。新型底层拖网网板与传统底层网板相比，在同等扩张力的前提下，可以大幅度减小网板面积，降低阻力，节能效果明显。网板面积 2.5～5.0 平方米，网板质量每副 1 200～3 600 千克。

适用范围

远洋底层拖网网板适用于 441～1 837 千瓦渔船，作业水深 20～800 米。

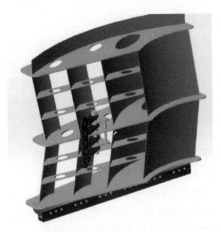

新型过洋性拖网网板示意图

技术来源：中国水产科学研究院东海水产研究所

新型过洋性变水层疏目拖网

技术目标

随着远洋渔业的发展，中上层资源由于其具有资源量大、尚有开发潜力等特点，目前已成为远洋渔业主要新开发资源。自主研制的变水层拖网和捕捞技术，可满足远洋渔业开发新资源的需求，完善远洋渔业作业结构。

技术要点

（1）新型变水层拖网网具规格普遍较大。新型变水层拖网网具规格一般在 400 米以上，主要集中于 400～600 米，最大可以达到 1 000 米以上。

（2）新型远洋渔业变水层拖网网目尺寸较大。新型网具网目尺寸一般在 1 000 毫米以上，最大达到 26 000 毫米左右。网目尺寸的增加，可有效扩大网具的扫海面积，降低网具的拖曳阻力。

（3）新型变水层拖网的能耗系数较低，一般在 0.5～0.7。

适用范围

远洋变水层拖网适用于882～1 985千瓦渔船，可适用于50～500米水深作业，主要捕捞竹筴鱼、带鱼、鲐鲹类等。

新型变水层疏目拖网实物图

技术来源：中国水产科学研究院东海水产研究所

新型过洋变水层拖网网板

技术目标

自主研发的新型过洋性变水层拖网网板，通过改变网板翼型及增加前端导流板等技术措施，提高网板的水动力性能，增大网板的水平扩张力，减小网板水中拖曳阻力，进而提高网具的渔获效率。

技术要点

中层网板形状一般为矩形，网板宽度大于网板长度。可以大幅增加网板的升力。拖铁较重，网板重心偏于下部，可以提高网板的曳行稳定性。网板面板采用曲面结构，同时，在前端增设导流板，改变网板背部流态，达到提高扩张效率的同时减小网板阻力。研发的新型变水层拖网网板与传统底变水层网板相比，可大幅减少网板面积，有效降低网板阻力。网板面积 3.2～5.5 平方米，网板质量每副 1 600～4 800 千克。

适用范围

过洋性变水层拖网网板适用于 850～1 985 千瓦渔船，作业水深 30～500 米。

新型过洋性变水层拖网网板实物图

技术来源：中国水产科学研究院东海水产研究所

新型过洋性深水虾拖网

技术目标

深水虾是名贵水产品，资源稳定，经济价值高，目前已成为远洋渔业新开发资源之一。自主开发的深水虾拖网和捕捞技术，能满足远洋渔业开发深水虾的需求，完善远洋渔业作业结构。

技术要点

（1）新型深水虾拖网网具规格普遍较大。新型深水虾拖网网具规格一般在 70～80 米。传统虾拖网网具规格一般在 40～50 米。

（2）新型深水虾拖网拥有 2 个及以上网囊。传统拖虾网一般均为一个网囊。新型深水虾拖网与传统虾拖网相比，具有水平扩张大、阻力小等优点。同时，具有多个网囊，有利于保持虾的质量。

（3）新型深水虾拖网的能耗系数较低，与传统虾拖网相比，可降低 15%～20%。

适用范围

新型深水虾拖网适用于882～1 176千瓦渔船，可适用于200～800米水深作业，主要捕捞海螯虾、龙虾等深水虾。

新型过洋性深水虾拖网实物图

技术来源：中国水产科学研究院东海水产研究所

南海灯光罩网

技术目标

利用鸢乌贼及中上层鱼类的趋光性，夜间用灯光将其诱集至渔船下方，放网罩扣捕捞。

技术要点

（1）找寻渔场：鸢乌贼广泛分布于南海外海水深400米以上海域，海沟及礁盘边缘常形成中心渔场。2—6月南沙海域渔情较好，6月以后鱼群逐渐北移。

（2）释放海锚：渔船到达渔场后，关闭主机漂流，在上风或顶流处释放伞状帆布锚，使放网时船身能调整到海流合适的方向。

（3）张开撑杆：抛好海锚后，利用网角绳绞机和前后龙门架先打开船尾左右舷的2根撑杆，再打开船头左右舷的2根撑杆。撑杆张开固牢后，将系在撑杆顶端导索滑轮上的4根网角绳分别系到罩网网口沉纲的4个角上，右舷的2根网角绳需从船底穿过。

（4）开灯诱鱼：晚上7时左右开集鱼灯诱鱼。

通常开1千瓦金卤灯200～300盏，渔情好或周边灯船多时可多开些灯。船长通过垂直探鱼仪和甲板观察判断鱼群诱集情况。第一网诱鱼时间较长，约在开灯2小时后布网。

（5）布设网具：调整渔船使左舷处上风或顶流位置。先绞收收口绳，通过中龙门架将网口沉纲吊高，再绞收左舷2根网角绳把沉纲拉出舷外，然后松开收口绳卷筒放沉纲入水，最后同时绞收4根网角绳至撑杆顶端并固定，此时网口沉纲在船底张开呈四方形。

（6）关灯收火：网具布好后，逐步关闭集鱼灯，灯数关闭至一半时打开红色诱导灯，然后逐步关闭剩余的集鱼灯。集鱼灯熄灭过程持续约10分钟。最后调暗红色诱导灯，调暗时间持续1～3分钟，将鱼群诱集至船体下方近表层处。

（7）放网作业：通过垂直探鱼仪观察到鱼群上浮至离船底20米以内，船长发布放网命令，船员同时松开4个网角绳卷筒，网口在沉纲重力作用下下沉。等待1～2分钟，当网具充分沉降、网囊开始入水时，船长发布起网命令，船员迅速绞收收口绳卷筒，将鱼群包裹网内，直至将网口沉纲吊上甲板。此时可开集鱼灯重新诱鱼，以供下一网次作业，船员则通过2根滑轮绳索从网口开始依次吊上网衣，直至将网囊吊上甲板。

适用范围

灯光罩网除了捕捞鸢乌贼以外，还适用于鲹鲐鱼类、小型金枪鱼类、枪乌贼、带鱼等趋光鱼类的捕捞。由于不同鱼种的行为和趋光性存在差异，关灯收火和网具沉降性能需作相应调整。

南海灯光罩网渔船

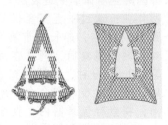

灯光罩网渔法示意图

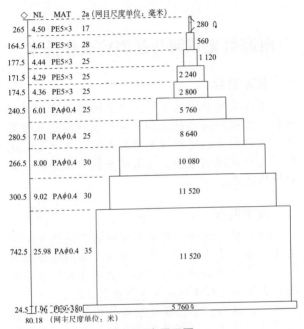

◇ NL   MAT   2a(网目尺度单位：毫米)

NL	MAT	2a	
265	4.50	PE5×3	17
164.5	4.61	PE5×3	28
177.5	4.44	PE5×3	25
171.5	4.29	PE5×3	25
174.5	4.36	PE5×3	25
240.5	6.01	PAφ0.4	25
280.5	7.01	PAφ0.4	25
266.5	8.00	PAφ0.4	30
300.5	9.02	PAφ0.4	30
742.5	25.98	PAφ0.4	35

280 ↕
560
1 120
2 240
2 800
5 760
8 640
10 080
11 520
11 520

24.5 | 1.96 | PE9×380 | 5 760 ↕
80.18 (网主尺度单位：米)

罩网网衣展开图

技术来源：中国水产科学研究院南海水产研究所

93

南海灯光罩网与延绳钓兼作技术

技术目标

南海金枪鱼上钩率低，专业延绳钓渔船效益不佳。根据南海金枪鱼和鸢乌贼渔场时空分布基本一致的特点，灯光罩网渔船利用白天和抛月光时间进行延绳钓兼作，可解决金枪鱼的经济、高效捕捞问题。

技术要点

（1）找寻渔场：南海中南部海底地貌复杂的海沟及礁盘边缘易形成中心渔场。鸢乌贼集群可作为金枪鱼渔场的生物指标。兼作渔船可在罩网捕到或发现金枪鱼群后开展延绳钓作业。

（2）放钩作业：傍晚放钩，船尾上甲板为操作平台，使用罩网捕获的鸢乌贼作饵料。顺风放钩，航向与海流交角尽量大，横流最佳。根据渔情、海况和人员分工确定放钩数量，通常滚筒式钓机放钩 1 200 枚，小型立式钓机放钩 500 枚。南海金枪鱼以黄鳍金枪鱼为主，且温跃层较浅，钩深应控制在 50～200 米水层。

（3）罩网作业：月暗夜，渔船放完钩后夜间正常从事灯光罩网作业；月圆夜，灯光罩网无法作业，放完钩后就地漂流守钓。

（4）起钩作业：次日凌晨罩网作业结束后开始起钩。通过测向仪找到起绳位置的电浮标后依次起钩，右舷前甲板为操作平台，逆风起钩，保持右舷受风。钓到的金枪鱼需用手钩钩住头部拖上甲板，不应损伤鱼体其他部位。

适用范围

灯光罩网与延绳钓兼作适用于南海外海，也适用于金枪鱼和头足类资源丰富的公海。南海现有的罩网渔船可根据甲板空间布局选择加装滚筒式钓机或小型立式钓机。可用 AIS 示位标取代传

罩网渔船放钩作业

统的无线电浮标。

罩网渔船起钩作业

技术来源：中国水产科学研究院南海水产研究所

第三章
远洋渔业数字化新技术

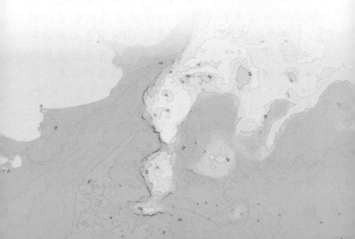

智能渔情分析终端

技术目标

集成 GPS、船舶自动识别（AIS）、电子海图、渔场遥感等技术，研发具有 GPS 定位、渔场环境信息综合分析等功能的智能渔情分析终端，为渔船提供直接的快速渔场渔情信息服务，有效提高寻找中心渔场和捕捞作业的效率。

技术要点

采用模块化开发，实现的技术包括：能接收 BDS/GPS 卫星信号并显示跟踪卫星的数目、编号、精度，实现了北斗卫星与 GPS 卫星系统的双模定位导航；带有网络连接接口，可连接卫星终端更新数据，能显示全球电子海图数据信息，实现了嵌入式的全球电子海图信息操作及显示功能；自动选择适当的卫星信号显示当前船位、航向、航速、渔区号，具有 AIS 船舶识别避让报警功能，实现了北斗、GPS、AIS 三种信号的一体化；具有 8 种要素信息［海表温度、叶绿素、海流、海表温度等值线、温度较差（本期与上期的差值）、温度距平、渔场预报概率、渔船 GPS 信号〕查询及处理功能。主要的技术指标有：工作频率包括 GPS 信号，1 575.42 兆赫，BDS 信号，1 561.098 兆赫；捕获时间和重捕获时间均≤2 分钟，可实现渔船快速获取当前船位。数据接口：输入输出各一路接口，符合 IEC61162 标准，有利于不同数据接口的数据传输和集成。

适用范围

远洋渔业捕捞生产渔船。

智能渔情分析终端
样机与界面

智能渔情分析终端
功能界面

技术来源：飞通（福建）电子科技有限责任公司

远洋渔场环境遥感监测技术

技术目标

远洋渔场环境遥感监测技术主要目标是通过利用各种海洋遥感卫星等对远洋捕捞渔场海域进行大范围的监测，并通过采用不同的遥感反演与信息提取模型，获取远洋捕捞渔场的海水表层温度（SST）、海水叶绿素（Chl-a）、海面高度、海流等渔场环境要素因子，从而实现对远洋渔场环境信息的实时或准实时监测与获取。

技术要点

大范围的远洋渔场环境信息主要依靠卫星遥感进行监测获取，其技术要点主要包括以下 3 个方面。一是采用自主海洋一号和海洋二号卫星开展了远洋渔场海表温度、叶绿素和海面高度等环境监测。针对远洋渔场的监测海域范围、监测要素及时空精度的需求，确定采用哪种海洋遥感卫星和传感器进行监测，以及相应技术手段获取相应海域的遥感监测影像数据。二是研究构建了自主海洋卫星遥感反演模型。针对接收获取的遥感影像数据，结合相应的现场测量环境要素数据，分别构建了海表温度、海水叶绿素、海面高度等渔场环境因子的遥感反演与提取模型，实现对渔场环境要素信息的计算与自动提取。三是采用多时相数据通过云替补等方法开展了多源数据融合，实现了大范围远洋渔场每 7 天的环境信息融合。由于云雾遮挡及单幅数据范围无法满足需求等情况，需要针对数据缺失的海域，通过云替补、数据插值等方式对缺失的数据进行替补，同时采用多时相、多源遥感影像数据进行拼接融合获取渔场区域完整的环境数据信息。

适用范围

全球三大洋远洋捕捞作业渔场海域。

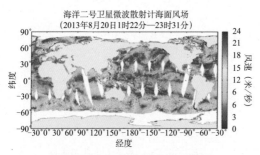

自主海洋二号卫星反演海面风场

自主海洋一号卫星多源数据融合

技术来源：国家卫星海洋应用中心

远洋渔场遥感预报技术

技术目标

根据渔场预报海域和捕捞对象的生物学与栖息环境特征，研究建立相应的渔场预报模型，并利用海洋遥感技术获取实时或准实时的渔场环境信息从而实现远洋渔场预报的技术。渔场预报的主要目标是预测渔场、渔期和资源量。

技术要点

渔场预报有助于渔船快速判断寻找中心渔场，提高捕捞效率。渔场预报的实现主要基于以下4方面技术要点。一是开展预报捕捞对象的生物学特征研究，通过资源监测调查和历史渔获量统计，掌握鱼类的生活习性、生活史和洄游特性，定量描述捕捞对象的生物学参数。二是多要素渔场环境特征的分析，主要是对获取的渔场环境数据进行统计与计算，确定捕捞对象不同洄游阶段的最适水温、叶绿素和海流等渔场环境特征。三是构建了朴素贝叶斯、随机森林等渔场预报模型，重点是针对收集的数据情况，选用合适的数学方法，并对模型参数进行估计、优化和验证，最终确定合适的预报模型。四是研发了基于 Web service 架构的渔场预报系统，主要是针对所构建的预报模型，选用合适的程序开发语言和开发平台，对预报模型和数据接口开发形成预报模块，供渔场预报系统平台调用以实现渔场预报。

适用范围

主要远洋捕捞作业渔场海域和捕捞对象。

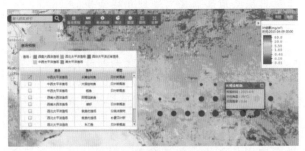

渔场预报系统应用界面

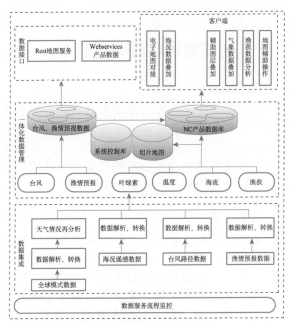

渔场预报系统总体结构

技术来源：中国水产科学研究院东海水产研究所

远洋渔场环境分析技术

技术目标

渔场环境分析技术主要指依据所收集的遥感反演提取或现场测量的各种渔场环境数据，通过数据融合、计算、统计和可视化等技术，快速掌握了解渔场环境的时空分布特征或变化规律，从而实现指导判断中心渔场的目的。

技术要点

渔场环境分析有助于人们快速掌握渔场环境状况，从而判读潜在渔场位置。传统的渔场环境分析方法是将收集到的数据通过手工绘制成图进行分析，目前主要采用计算机自动制图或人机交互进行环境特征抽取。其技术要点主要有以下3个方面。一是通过阈值判断等方法对多源遥感数据进行了质量控制。主要是针对遥感观测和现场测量等不同来源的数据和不同的数据精度，采用统一的质量控制体系对数据进行精度校正。二是构建了高效的数据库存储与管理技术，主要是针对海洋环境数据量巨大的特点和复杂的计算要求，采用数据重采样、切片等方法进行数据的高效读取和调用，实现了快速高效的数据计算和提取。三是实现了渔场资源环境数据的科学可视化。针对判断中心渔场的需求，利用地理信息系统（GIS）软件和空间插值等可视化的方法对海表温度、叶绿素进行等值线绘制，进而分析判断渔场特征温度线的走向、锋面位置、冷暖水团配置状况、海表温度变化趋势、海流强弱与方向等，从而掌握渔场的总体环境特征。

适用范围

主要远洋捕捞渔场环境分析。

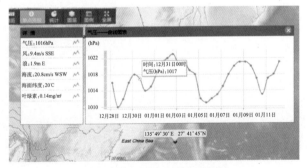

渔场环境信息的时间序列分析

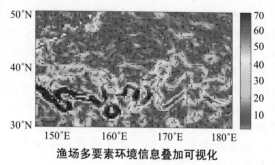

渔场多要素环境信息叠加可视化

技术来源：中国水产科学研究院东海水产研究所

远洋渔情信息产品

技术目标

主要是针对快速高效寻找和判断中心渔场的需求，对渔场环境分析和渔场预报的结果，制作生成清晰、简单、易懂的多种形式的渔海况专题图等信息产品，并借助卫星通信将渔情信息产品提供给渔船，以便船长等相关技术人员进行渔场识别和判读，从而提高渔船寻找判断中心渔场的准确性和时效性。

技术要点

渔情信息产品主要包括有渔场环境海况图、渔场预报图、渔场天气云图等。传统的渔情信息产品主要是采用手工绘制成黑白线画图或用文字描述渔场渔情信息。随着信息技术的发展，当前的渔情信息产品以计算机自动制图为主，主要技术包括以下3个方面。一是渔情信息产品的制图技术，主要包括制图投影、比例尺、图例注记等的选择、标注方法和标准。二是图例符号库的构建与标准，标准化的图例符号有利于读图使用人员准确判读图上表达的信息，具体包括有不同环境要素的色标、渔船与渔港符号，渔场符号等的标准化与表达形式等。三是专题图的文字描述内容，为了使用人员更加准确了解渔场图包括的丰富信息，还时常需要进行文字描述与解释，随着人工智能技术发展，可以实现计算机将计算结果自动生成文本描述信息。

适用范围

主要远洋捕捞作业渔场。

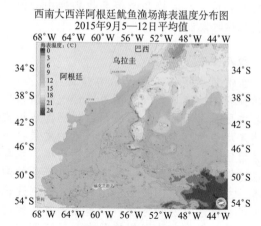

渔场海表温度专题图

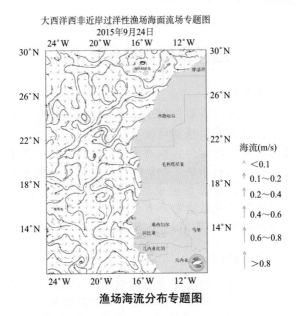

大西洋西非近岸过洋性渔场海面流场专题图
2015年9月24日

海流(m/s)

∧ <0.1

↑ 0.1~0.2

↑ 0.2~0.4

↑ 0.4~0.6

↑ 0.6~0.8

↑ >0.8

渔场海流分布专题图

　技术来源：中国水产科学研究院东海水产研究所

远洋渔船监控新技术

技术目标

开展远洋渔船监控主要是为了应对渔船作业安全，打击非法捕捞的渔业管理需求。渔船监控技术既有实时监控，也有渔船分布的监测。随着船舶自动识别系统（AIS）、遥感监测等新技术的发展，远洋渔船监控也有了更多的新技术手段，不仅可以实现对渔船分布的监测，也可作为原有渔船监测系统（VMS）的有效补充。

技术要点

除了传统的基于全球定位系统（GPS）技术的渔船实时监测外，远洋渔船监控新技术主要还有北斗导航的渔船监测、AIS 技术的渔船监测、夜光遥感的渔船监测等，其技术要点主要有以下 3 个方面。一是自主北斗导航卫星的渔船监测技术，由船载终端、通信链路和岸台监控中心 3 部分构成，可实时获取渔船船位数据，并将之传送给岸台监控中心。与以往基于 GPS 技术的 VMS 系统相比，不同之处在于北斗卫星独有的短报文功能，可以不依赖专门的通信卫星进行信息传输。二是基于卫星 AIS 技术的船位监控技术，卫星 AIS 技术突破了早期 AIS 技术仅用于近岸的限制，可以通过众多 AIS 小卫星组成 AIS 卫星星座，实现对全球远洋渔场区安装有 AIS 终端渔船的准实时监控。三是夜光遥感的渔船监测技术，主要是对渔船夜晚利用灯光诱集鱼群的捕捞渔船进行监测，利用卫星监测渔船发出的灯光信息，从而掌握渔船灯光分布以实现单个渔船监测或渔船分布监测。

适用范围

远洋渔船管理及从业人员。

全球 AIS 监测船舶分布示意图

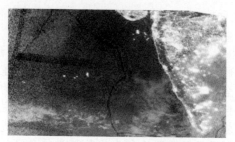

夜晚微光遥感监测印度洋灯光围网渔船作业

技术来源：中国水产科学研究院东海水产研究所

南极磷虾渔情预报技术

技术目标

针对尚未大规模开发的资源储量极其丰富的南极磷虾，通过应用卫星遥感渔场环境监测与分析，以及对南极磷虾渔场环境特征和环境时空变化特点的掌握，构建南极磷虾渔场渔情预报模型，实现对南极磷虾渔场的渔情预报，为磷虾渔船捕捞生产提供信息服务和技术支撑。

技术要点

南极磷虾渔场渔情预报技术主要涉及渔场环境信息获取与处理、磷虾适宜渔场环境特征参数提取、磷虾渔场预报模型构建以及渔场预报系统开发等内容。主要的技术要点包括以下3方面。一是南极磷虾渔场环境信息获取与处理技术，由于南极海域距离远，天气环境恶劣，对渔场环境进行实时现场调查监测难度大，主要采用极轨海洋遥感卫星和雷达卫星进行渔场环境监测和信息提取，获取的主要环境要素有海表温度、海水叶绿素、海流、海冰、风场等。二是磷虾渔场适宜环境特征分析技术，主要采用广义加性模型（GAM）等非参数统计模型和空间统计模型等研究南极磷虾最适水温区间或对南极磷虾渔场变动影响显著的主要环境因子，为构建渔场预报模型提供理论依据或模型参数。三是渔场预报模型的构建与实现，根据所掌握的渔场环境数据和渔获产量数据，采用栖息地指数或贝叶斯概率模型等数学模型，进行预报模型构建与精度检验，并进行预报系统开发和渔情信息产品制作，从而最终实现南极磷虾渔场预报，为捕捞生产提供信息服务和生产决策。

适用范围

南极磷虾捕捞生产渔船。

2017年5月12日南极磷虾48_1渔场概率预报图

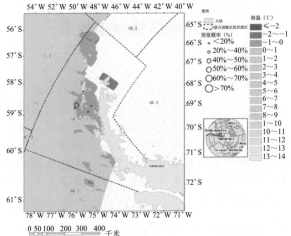

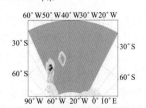

两种南极磷虾渔场预报模型预报结果图

技术来源：中国水产科学研究院东海水产研究所

南海外海渔情预报技术

技术目标

利用渔业资源调查和捕捞生产监测数据，并从遥感卫星获取渔场环境数据，识别渔场与遥感初级生产力、海面高度和海表水温的关系；运用贝叶斯模型和栖息地指数模型，分别建立南海黄鳍金枪鱼和鸢乌贼数量时空变化与渔场环境的关系；构建 WebGIS 渔情信息服务系统，开展业务化渔情预报服务。

技术要点

（1）黄鳍金枪鱼渔场贝叶斯预报模型：通过海洋环境因子组合策略和各渔区渔获量等级分类，用贝叶斯概率方法构建不同策略下的模型，从中筛选出合适的渔场预报模型；采用主成分分析法提取海表水温和海面高度的第一主成分作为预报因子，建立南海黄鳍金枪鱼渔场预报模型。

（2）鸢乌贼渔场栖息地指数预报模型：使用 2010 年以来渔业资源调查和捕捞生产监测数据，并从遥感卫星获取海表水温、海面高度异常、海域净初级生产力数据；计算单位作业量渔获量和渔捞努力量的适宜性指数，同时，估计渔场环境参数的最适范围；采用生境适宜性指数模型和外部包络算术平均值方法来标识渔场位置。

（3）渔情信息服务系统：该系统包括数据获取、渔场预报、信息发布与更新，以及用户界面四大模块。系统利用 Java 调用脚本实现渔场预报模型，预报结果发布和更新则通过 GeoServer 实现，浏览器端通过 OpenLayer 实现。

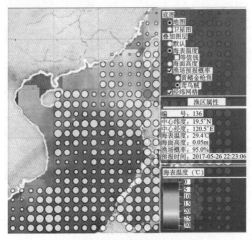

南海鸢乌贼渔情预报网页

适用范围

南海外海渔情预报技术适用于南海鸢乌贼和黄鳍金枪鱼的高产渔场识别，发布网址为 http://southsea-rsfishery.cn/ 的"渔场与环境"板块。南海外海渔情预报每周更新，每周五根据更新后的海洋环境数据，发布最新渔场预报结果。

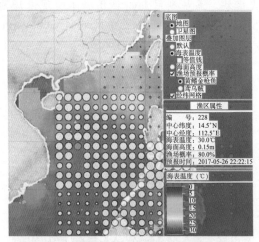

南海黄鳍金枪鱼渔情预报网页

技术来源：中国水产科学研究院东海水产研究所

大洋秋刀鱼渔情预报技术

技术目标

由于中国（除中国台湾地区）秋刀鱼渔业起步较晚，在开展秋刀鱼洄游分布及与海洋环境关系，在北太平洋公海秋刀鱼中心渔场形成机制等研究基础上，结合 2013 年以来生产数据的积累，自主开发了秋刀鱼渔情预报模型和分析系统。

技术要点

基于中国（除中国台湾地区）在北太平洋公海的秋刀鱼历史生产资料，以及海洋遥感数据，采用 Yield-Density 模型分别拟合基于单位捕捞努力量渔获量（Catch per unit effort，CPUE）的适应性指数（Suitability index，SI）与各海洋环境因子之间的 SI 模型，根据残差标准差（Residual standard error，RSR）分析各海洋环境因子的最优权重，最后使用赋予权重的算数平均法（Weighted mean model，WMM），结合权重参数，建立秋刀鱼 HSI 模型开展秋刀鱼渔情预报评估。

利用 GIS 软件和秋刀鱼 HSI 模型对 2013 年以

来的北太平洋秋刀鱼生产情况（渔区平均单船日产量、作业船天、总产量）按年、每月、每旬、每周进行了可视化绘制，初步建立了北太公海秋刀鱼渔情预报模式，并通过中国远洋渔业协会按周向在北太公海从事秋刀鱼生产的企业船只发布北太平洋公海秋刀鱼渔情预报分析。截至 2016 年年底，共发布秋刀鱼渔情预报 70 余期，为我国秋刀鱼生产船在北太平洋公海进行快速渔场决策提供参考。

适用范围

北太平洋秋刀鱼作业渔船。

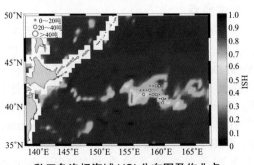

秋刀鱼渔场海域 HSI 分布图及作业点

技术来源：上海海洋大学

第四章

远洋捕捞新材料与新工艺

南极磷虾冷链工艺

技术目标

南极磷虾极易腐败变质，因此必须以冷冻品的形式进行贮藏与流通。通过控制南极磷虾冷冻加工、冷冻贮藏、冷冻运输、冷冻销售等环节的各项工艺参数，同时综合考虑生产、运输、销售、经济和技术性等各个要素，并协调各要素间的关系，最大程度保持南极磷虾的品质，提高经济效益。

技术要点

（1）整理：南极磷虾离水后至冻结加工前的时间应尽量缩短，最好不超过6小时；使用冻结盘整理原料，虾体排列整齐、紧密，盘面平整，原料不露出盘外或高于盘面。

（2）冻结：冻结间进货前，进行必要的预冷却；速冻时冻结间温度低于-30℃，优先选用-40～-30℃；产品冻结时尽可能快地通过食品的最大冰晶生成带，冻结开始至结束不超过10小时；冻结终止时冻品的中心温度不高于-18℃，然后转移至−30℃冷冻贮存库，冻结间室内空气相对湿度不低于90%。

（3）包装：内包装材料符合 GB 9687 等标准要求，包装平整、严密，无破损；运输包装（外包装）符合 GB/T 6543 要求，图示和标志应符合 GB/T 191 和 GB/T 24617 规定。

（4）贮藏与运输：冷冻贮藏的库温不高于−30℃，产品保质期可达 18 个月以上；运输过程维持冻品形态，尽量采用低温，且避免温度波动。

冻虾运抵码头

特征特性

南极磷虾冷链物流是指原料虾捕捞后在冻结、贮藏、运输、销售各个环节中始终处于规定的低温环境下，以保证产品质量，减少产品损耗，它是以冷冻工艺学为基础、以制冷技术为手段的低温物流过程。

适用范围

南极磷虾冷冻整虾、冷冻脱壳虾肉、虾糜等。

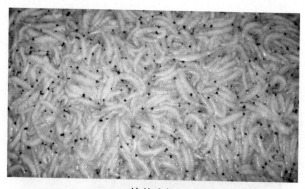

块状冻虾

技术来源：中国水产科学研究院黄海水产研究所

南极磷虾保鲜技术

技术目标

南极磷虾冻品运至陆地后，在二次加工前需要进行解冻与暂存。针对南极磷虾的加工类型选择解冻工艺，并在解冻后进行防黑变处理，有效提升产品品质。

技术要点

（1）解冻：南极磷虾如用作一般食品（如即食类、干制类）加工适宜采用静水解冻的方式，如用作鱼粉加工适宜采用静水或自然空气解冻的方式，如提取虾油则适宜采用低温空气解冻的方式。静水解冻：原料置于洁净水池中，通入自然水进行解冻；如条件允许，最好先将原料进行隔水处理。自然空气解冻：原料置于洁净的生产车间中，温度不高于30℃。低温空气解冻：原料置于冷库中，适宜温度区间为4～10℃，最高不超过15℃。

（2）防黑变：解冻后的南极磷虾需在低温条件下存放，适宜温度为0～4℃。可采用化学法进行防黑变处理，所用试剂必须符合 GB 2760—

2014《食品添加剂使用标准》的相关规定。

特征特性

南极磷虾的黑变是体内的酪氨酸在酶的作用下，逐步被氧化为醌类物质，然后再进一步形成黑色化合物的过程。这种酪氨酸酶在低温条件下依然有活性，因此冻藏和冷藏过程仍然会发生黑变。黑变主要是酶的作用，和微生物关系不大，因此虾变黑并不一定是虾不新鲜。

适用范围

适用于南极磷虾冻品的解冻以及加工前的防黑保鲜。

解冻后的南极磷虾

解冻后放置 24 小时后的南极磷虾

技术来源：中国水产科学研究院黄海水产研究所

秋刀鱼冷链保鲜工艺

技术目标

秋刀鱼渔获经鱼水分离器和分级装置后进入加工舱，加工舱人员已各就各位，待鱼依次倒入加工槽后，立即开始加工。同时综合考虑生产、运输、销售等要素，并协调各要素间的关系，尽量保持秋刀鱼渔获的保鲜和品质，提高经济效益。

技术要点

（1）冲洗：将经过分级装置分级后的秋刀鱼倒入加工槽后，即刻用干净的海水将鱼冲洗干净。

（2）分类装箱：秋刀鱼冲洗干净后，即进行分类装箱，一般是边分类边装箱。秋刀鱼要按加工标准分类，其规格包装如下表所示。

表 秋刀鱼装箱级别

级别	体重 （克/尾）	装箱数量 （尾/箱）	产品规格 （克/尾）
特号	≥150	≤67	≥150
1号	130≤体重<150	≤76	≥130

续表

级别	体重 （克／尾）	装箱数量 （尾／箱）	产品规格 （克／尾）
2 号	110≤体重<130	≤90	≥110
3 号	90≤体重<110	≤110	≥90
4 号	69≤体重<90	≤144	≥69

（3）冷冻：秋刀鱼装箱后，通过运输传送带直接进入速冻舱进行速冻。

（4）渔获下舱：夜晚捕获的秋刀鱼速冻到次日早晨，负责下舱的船员将已速冻好的秋刀鱼运送到渔船冷冻舱进行保存，同时为当晚作业所捕捞的秋刀鱼速冻留出空间。当冷冻舱保存秋刀鱼达到一定吨数时，就傍靠转载船进行转载。

（5）渔获转载：运输转载船达到渔场时，通过运输转载渔船上的固定吊机将生产船冷冻仓的秋刀鱼转载至运输船上，通过运输船将渔获运抵码头，以便进一步开展后续销售工作。

特征特性

秋刀鱼从捕捞到直接销售或加工都要经过一段贮藏时间，所以如何更好地保存秋刀鱼的风味与营养是重要工作，从品质保持和经济效能的角度考虑，-30℃适宜作为秋刀鱼冷冻贮藏的温度。

适用范围

北太平洋秋刀鱼作业渔船。

秋刀鱼渔获转载

冲洗秋刀鱼

技术来源：上海海洋大学

鲐鱼冷链保鲜工艺

技术目标

为了保证鲐鱼品质，需要从捕捞到分级、冷冻保鲜、运输等环节实施保鲜技术。

技术要点

（1）分拣：鲐鱼捕捞至渔船后，马上开展分拣工作。按照鱼种分拣至不同的塑料鱼筐，不得使用铁制易生锈容器盛鱼，防止鱼体污染。

（2）冲洗：分拣工作完成后，使用清水冲洗干净，洗去污泥、鱼体黏液等。

（3）分级：将鱼置放于理鱼台，理鱼台需用不锈钢制作，防止铁锈等污染。按照鱼体规格以及加工等级要求，将鱼分成不同规格。

（4）装盘：分级后的鲐鱼装置于不锈钢盘或铝制鱼盘，称重后再次冲洗。

（5）冷冻：将鱼盘逐个装入冷冻平板，并盖上塑料袋，速冻。直至鱼体冻结，鱼体中心温度达到-18℃。

（6）打包：将鱼从鱼盘中磕出，套入塑料袋，装入纸箱，并用胶带或打包带将纸箱打包，要求纸箱完整，无破碎和鱼体无外露。

（7）装仓：将打包完毕的鱼箱放入冷藏鱼仓，按照要求叠层，防止纸箱破碎或鱼体压扁。

注意事项

在加工过程中，鱼体不得接触污油、铁锈等。加工过程中，不得使用手拧清洗水龙头，必须使用脚踏水龙头。

适用范围

远洋鲐鱼捕捞渔船。

技术来源：中国水产科学研究院东海水产研究所

鸢乌贼冷链保鲜工艺

技术目标

根据鱿鱼加工厂的收购要求，在海上对南海捕捞的鸢乌贼进行分级、速冻、打包、冷藏，确保渔船回港后渔获品质达标。

技术要点

（1）分级：鸢乌贼从网囊倒至甲板后，可以直接分拣装盘。按体重分为小、中、大3级，小于50克的个体为小鱿，50～150克的为中鱿，大于150克的为大鱿。使用长方形不锈钢鱼盘，每盘鸢乌贼净重15千克。

（2）速冻：采用平板冻结法进行渔获物冻结。鸢乌贼捕上甲板2个小时以内必需装盘放入速冻间平板上冷藏，当晚罩网作业结束后，进行统一冻结。鱼体中心温度需降至-18℃以下，冻结时间约12个小时。

（3）打包：冻结好的鸢乌贼需装袋贮藏。可将鱼盘浸水几秒后再取出倒鱼，便于鱼体和钢盘脱离。一盘鸢乌贼装入一个编织袋，并用细绳扎紧袋口。3 种大小等级的鸢乌贼使用不同颜色的编织袋或不同型号的扎口绳。

（4）冷藏：渔获打包完成后立刻放入冷藏舱贮藏，不同大小等级的鸢乌贼分开堆放。冷藏鱼舱温度保持在-20～-18℃，最高不能超过-10℃。

特征特性

鸢乌贼渔获可以存放 6 个月左右。渔船航次时间 1～3 个月，渔获物可以等到渔船回港后销售。

鸢乌贼的海上加工

适用范围

·适用于捕自南海中南部海域、销售到华东鱿鱼加工厂的鸢乌贼的海上加工保鲜。

技术来源：中国水产科学研究院南海水产研究所

金枪鱼冷链保鲜工艺

技术目标

用碎冰进行南海金枪鱼海上保鲜，渔船改造成本低，技术要求简单。通过冷藏运输船的配套，可确保渔获物品质达到生食标准。

技术要点

（1）击杀：金枪鱼从海中拖上甲板或倒出罩网网囊后，利用木棍猛击两眼之间的头顶部，击昏金枪鱼，避免活鱼蹦跳造成鱼体淤血或损伤。

（2）放血：用刀片切断两侧胸鳍基部向后5～10厘米处的血管。放血口长约4厘米，深不超过5厘米，与胸鳍的凹进处垂直；切开鳃领和鳃之间的膜，以切断向鳃供血的动脉。鱼体放血约需5～10分钟，其间可将水管塞在鱼口内冲洗血液。

（3）取内脏：从肛门上方约12厘米处至肛门开一个长切口，剖开金枪鱼腹腔；在肛门口切一个小圆圈，切断肛门处的消化道和性腺；分别切断两侧鳃和下颌、鳃领和脑颅基部之间的联络，通过鳃盖取出一整块的鳃和内脏。

（4）清洗：仔细清洗鱼体内外两侧；用刀剔除粘在鳃领上的膜，直至看到白色骨骼；去除鳃腔中的肉、肌腱和膜；用力洗刷腹腔内部、脑颅基部和脊椎骨，去除血块和其他残留物。

（5）冷藏：把碎冰从鱼嘴往腹腔和鱼鳃内塞，填满塞实；在鱼舱底铺一层30厘米厚碎冰，将鱼体腹部朝下有序排放冰上，彼此间隔30厘米，然后用碎冰填实并覆盖；24小时后，需将所冰鱼体取出，敲掉覆冰重新加冰一次，消除因鱼体温度融化冰块所形成的空气囊。冰鲜鱼舱温度控制在0～2℃，最高不能超过5℃。

特征特性

冰鲜金枪鱼经济价值最高，但冰鲜渔获保鲜期仅约14天，超过14天就会逐渐变质。渔船航次时间1～3个月，因此需要冷藏运输补给船的配套转载。

适用范围

适用于南海灯光罩网和金枪鱼延绳钓渔船所捕捞的大型金枪鱼的海上加工保鲜。

金枪鱼的海上加工

技术来源：中国水产科学研究院南海水产研究所

虾类冷链保鲜工艺

技术目标

为了保证虾的品质，需要从捕捞到分级、冷冻保鲜、运输等环节实施保鲜技术。

技术要点

（1）分拣：虾捕捞至渔船后，马上开展分拣工作。按照种类分拣至不同的塑料鱼筐，不得使用铁制易生锈容器盛鱼，防止污染。

（2）冲洗：分拣工作完成后，使用清水冲洗干净，洗去污泥、黏液等。

（3）分级：将虾置放于理鱼台，理鱼台需用不锈钢制作，防止铁锈等污染。按照规格以及加工等级要求，将虾分成不同规格。

（4）浸泡：将分级后的虾浸泡于保鲜剂中，按照规格、数量进行不同时间的浸泡。

（5）装盘：浸泡后的虾装置于纸盒内，盒底预铺塑料片，装箱完成后，称重。

（6）冷冻：将虾盒逐个装入冷冻平板，速冻。直至虾体冻结，虾体中心温度达到-18℃。出冻后，在纸箱中撒入一定量清水，称为渡冰衣。

（7）打包：将虾盒装入纸箱，并用胶带或打包带将纸箱打包，要求纸箱完整，无破碎和虾外露。

（8）装仓：将打包完毕的纸箱放入冷藏鱼仓，按照要求叠层，防止纸箱破碎或压扁。

注意事项

在加工过程中，虾不得接触污油、铁锈等。加工过程中，不得使用手拧清洗水龙头，必须使用脚踏水龙头。虾保鲜剂必须严格按照使用说明配置，严格遵守浸泡时间限制。虾头不得出现发黑现象。

适用范围

远洋深水虾类、浅水虾类捕捞作业渔船。

技术来源：中国水产科学研究院东海水产研究所

中高分子量聚乙烯单丝绳索

技术目标

以共混改性中高分子量聚乙烯（Medium and high molecular weight polyethylene，简称MHMWPE）单丝为基体纤维，研制出中高分子量聚乙烯单丝绳索（Medium and high molecular weight polyethylene rope，简称 MHMWPE 单丝绳索）新材料，制成渔用绳索。

技术要点

以渔用 MHMWPE 单丝为基体纤维，经过环捻、合股、制绳、检验、后处理工序后获得直径 14 毫米的 MHMWPE 单丝绳索。在保持断裂强力优势的前提下，以 MHMWPE 单丝绳索替代三股 PE 单丝绳索用作渔用绳索，能使原材料消耗减小 35%。单丝绳索较普通合成纤维绳索具有断裂强度高、延伸性小的明显特点。直径 14 毫米的 MHMWPE 单丝绳索的线密度、断裂强力、断裂强度、断裂伸长率分别为 101 千特、2.56 千牛、2.53 厘牛/分特和 22.9%；在保持绳索强力优势的前提下，以 MHMWPE 单丝绳索来替代普通合成纤维绳索，既能使绳索直径减小 0.0%～17.6%、线密度减小 1.9%～35.3%、断裂强度增加 7.1%～62.0%、断裂伸长率减小 49.1%～54.2%、原材料消耗减少 1.9%～35.3%，又能使网具阻力相应减小。

适用范围

远洋捕捞作业网具、绳索材料。

中高分子量聚乙烯单丝绳索

技术来源：中国水产科学研究院东海水产研究所

中高分子量聚乙烯 / 聚丙烯 / 乙丙橡胶网线

技术目标

以共混改性中高分子量聚乙烯 / 聚丙烯 / 乙丙橡胶单丝（简称 MHMWPE/PP/EPDM 单丝）为基体纤维，综合应用新材料技术加工生产渔用 MHMWPE/PP/EPDM 网线新材料。

技术要点

以特定比例的 MHMWPE、PP、EPDM 及色母粒等为原料，综合应用材料共混改性技术，生产出 MHMWPE/PP/EPDM 单丝；MHMWPE/PP/EPDM 单丝经绕管、捻制、卷取、成绞和检验工序后获得 MHMWPE/PP/EPDM 网线新材料。MHMWPE/PP/EPDM 网线新材料为自主设计开发的捻线材料，其规格分别为 36 特克斯 ×10×3、36 特克斯 ×20×3、36 特克斯 ×40×3。对照试验用普通聚乙烯网线（简称 PE 网线）采用传统捻线工艺生产，与同等直径的 MHMWPE/PP/EPDM 网线材料采用相同的捻线工艺，规格分别为 36 特克斯 ×10×3、36 特克斯 ×12×3、36 特克斯 ×20×3 和 36 特克斯 ×40×3。MHMWPE/PP/EPDM 网线的伸长低于其同等直径的普通 PE 网线，直径 1.75 毫米、2.50 毫米、3.65 毫米的 MHMWPE/PP/EPDM 网线伸长分别较同等直径的普通 PE 网线减小 6.7%、11.1%、5.3%。

适用范围

远洋捕捞网具及网线材料选配。

中高分子量聚乙烯 / 聚丙烯 / 乙丙橡胶网线

技术来源：中国水产科学研究院东海水产研究所

聚烯烃耐磨节能网片

技术目标

远洋拖网为适应作业中经常对海底的摩擦和承受某些冲击载荷，要求网材料具有高的断裂强力、韧性和耐磨性。采用高密度聚乙烯、超高分子量聚乙烯、低密度聚乙烯、纳米二氧化硅、聚乙烯接枝马来酸酐（简称 PE 接枝马来酸酐）等材料研制出一种聚烯烃耐磨节能网线新材料，并获授权发明专利。

技术要点

将高密度聚乙烯、超高分子量聚乙烯、低密度聚乙烯、纳米二氧化硅、PE 接枝马来酸酐混合搅拌，并经造粒机制成颗粒，混合颗粒通过混合熔融挤出后进行牵伸，牵伸过的单丝直径为 0.1～1.5 毫米，放入定型机定型，抗静电油剂表面涂覆处理，直径 0.1～1.5 毫米单丝制成捻度为 18～240 捻／米的 2～1 200 股的一种聚烯烃耐磨节能网线新材料，再制成捻度 4～20 捻／米、直径 5～50 毫米的网线和纲绳，然后制成网目大小为 0.01～120 米高强高韧聚烯烃耐磨节能网。聚烯烃耐磨节能网的耐磨性能可根据需求调控，可分别比普通渔网提高100% 和 300% 不等。网目长度为 60 毫米的聚烯烃耐磨节能网和普通聚乙烯网力学性能的比较结果表明，聚烯烃耐磨节能网单结网目断裂强力比聚乙烯网国家标准提高 43.4%。36 特克斯 ×7×3 的聚烯烃耐磨节能网可替代 36 特克斯 ×10×3 的普通聚乙烯网，平均绳网线规格降低 23% 股数。在保持强力优势前提下，以聚烯烃耐磨节能网替代普通聚乙烯网，可减少材料消耗 30%；1 吨高强高韧聚烯烃耐磨节能网具可以替代 1.3 吨的 PE 普通网具。

适用范围

远洋捕捞网具及网线材料选配。

聚烯烃耐磨节能网片

技术来源：中国水产科学研究院东海水产研究所

新型南极磷虾拖网下纲

技术目标

现有下纲装配烦琐、费工时、易磨损，不适用于在甲板上操作且卷入卷网机的需求，通过设计新型沉子纲形式，简化下纲结构，缩短制作工时，以适应日益发展的拖网卷网机操作，同时通过优化装配方式，减少磨损，增加使用寿命，减少绞拉时下纲对网具的破坏，提高南极磷虾捕捞效率。

技术要点

（1）结构特点：磷虾拖网下纲采用直径 22 毫米超高强聚乙烯绳作为下纲，长度为 63.14 米。采用分段重量包铅绳作为沉子纲，沉子纲芯重量由其沉力分布确定，沉子为包铅绳加固定卸扣及不锈钢环，总沉力为 6 千牛，其中包铅绳长 64 米，重 480 千克，为一根纺织而成；包铅绳外包一层线粗 2 毫米、目大 40 毫米尼龙编织网片；钢圈内径 100 毫米、外径 110 毫米，蝶型卸扣上圈内经与拖网下纲相匹配。

（2）装配：拖网下纲按照 0.5 网口水平缩结系数与网衣绕缝，外部再加装 PA 经编防磨网片。下纲每间隔 30 厘米装一只蝶形卸扣，在沉子纲外层包裹 PA 防磨经编网片，通过铁圈与卸扣和下纲相连。

适用范围

大型单船南极磷虾网板拖网。

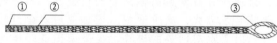

①包铅绳　②外包尼龙网衣　③"琵琶头"

包铅绳式下纲结构图

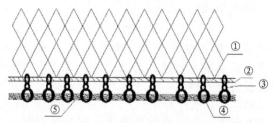

①拖网腹网　②下纲　③"8"字环　④不锈钢圆环
⑤包铅绳

沉子纲安装示意图

新型南极磷虾拖网下纲实物图

技术来源：中国水产科学研究院东海水产研究所

南极磷虾拖网哺乳动物释放装置

技术目标

在拖网作业中，容易误捕海洋中的哺乳动物，为解决哺乳动物在入网后的逃逸问题，减少对哺乳动物的伤害，在网身部位设计哺乳动物释放装置，提高误捕动物的释放率，减少对其身体的伤害程度，增加释放后的成活率，避免对海洋生态系统的影响。

技术要点

（1）结构特点：哺乳动物释放装置设计于网身后端、网囊前端部位，设计为棱形目结构，采用 200 毫米网目大小。网线采用 3 毫米四股尼龙-66 绞捻网线，白色。液体热熔胶采用乙烯—醋酸乙烯共聚物（EVA）的甲苯/乙酸乙酯溶液，浅黄色。包裹材料采用 4 毫米硅胶热缩管，内径 4.2 毫米，外径 5.1 毫米，厚 0.5 毫米，红色。

（2）制作要点：首先将尼龙-66 绞捻网线浸入液体热熔胶中，取出后在一定张力下常温风干 12 小时。将涂覆后的网线剪成每段 15 米，套入红色硅胶热缩管，采用热风枪250℃下进行热缩包覆，包覆后的网线经手工打结编织成网。

适用范围

南极磷虾拖网作业。

（A）热缩管剪成10厘米的小段，套在3毫米尼龙编织线外进行织网 （B）编网到所需目数 （C）编好的网片进行热定型

制作过程

南极磷虾拖网哺乳动物释放装置

技术来源：中国水产科学研究院东海水产研究所

南极磷虾拖网装配新工艺

技术目标

拖网的装配工艺对渔具性能至关重要，合理的装配可有效提高网具在海中作业时网衣展开程度，保证网具的轮廓形状，减小拖网网衣表面涡流，进而减少对鱼类的惊吓，而且受力均匀不易破损。自行研制的磷虾拖网采用较先进的装配工艺，使其在作业状态下网衣展开良好，网体呈流线型，各部位受力均衡，增加其承受载荷能力，延长使用寿命，提高捕捞效率。

技术要点

（1）外网：袖网为目大300毫米、直径6毫米高强度PE（聚乙烯）、PA（聚酰胺）编织线，网身为目大300毫米、200毫米、150毫米，直径为4毫米、6毫米的高强度PE、PA编织线。饶边采用3目绕缝，形成6道网衣网筋，构成自袖网至网身的外网主体。再加装直径22毫米超高强12PE股纲索，形成外网网筋。网身后3段加装直径12毫米超高强12股PE斜向交叉加强筋。

（2）内网：网身后 3 段分段加装内网，材料为 18 股 PA 经编网片，网目尺寸为 30 毫米、25 毫米、20 毫米，对边采用先由直径 4 毫米 PA 编织线全内穿，并全覆盖式密集绕缝，形成直径约 8 毫米的网衣网筋，再加装直径 12 毫米的超高强 12 股 PE 纲索，同样采用全覆盖式密集绕缝，形成内网网筋，外部再加装 PA 防磨经编网片。内网长度比缝合外网长 2 米左右，拉紧周长比外网增加 15%。

（3）网囊：囊网结构为直筒形，内衬网为 18 股 PA 经编网片，网目尺寸为 15 毫米，对边采用先由直径 4 毫米 PA 编织线全内穿，并全覆盖式密集绕缝，形成直径约 8 毫米的网衣网筋，再加装直径 12 毫米的超高强 12 股 PE 纲索，同样采用全覆盖式密集绕缝，形成内网网筋，外部再加装 PA 经编防磨网片。

（4）连接：身网侧边预装缘纲，再对缝；袖网、网身与囊网部位采用等拉紧长度、挂目缝合；内网与外网纵向等长缝合，横向先由高度为 3 目、目大 150 毫米直径 4 毫米高强度 PE 编织线过渡，再与小网目内网等比例缝合。

适用范围

南极磷虾单船网板拖网。

南极磷虾拖网衬网连接

南极磷虾拖网网片连接

技术来源：中国水产科学研究院东海水产研究所

秋刀鱼集鱼灯优化配置方法

技术目标

集鱼灯是光诱秋刀鱼渔业生产中的重要辅助工具之一，其性能优劣直接影响诱集鱼类的效果，故正确选择集鱼灯及光源，对生产具有重要意义。目前常用作秋刀鱼渔船诱鱼用的集鱼灯一般有 3 类：白炽集鱼灯、金属卤素灯和 LED 集鱼灯。秋刀鱼集鱼灯配置是否合理关系到捕捞的成败。对于灯光配置，不同的渔船有不同的配置方法，同时船长的经验不同也可能采取不同的配置方式。

技术要点

在分析作业时秋刀鱼对光的行为反应基础上，拟合了集鱼灯箱选择不同颜色（红色、绿色、白色）和不同倾角（30°、45°、60°、75°）下的全船照度分布，秋刀鱼集鱼灯优化配置建议如下。

（1）集鱼灯选择要求。①光源有较大的照射范围。②光源具有足够的照度，并能适用于诱集鱼群。③启动操作简单迅速。④在海浪中拍打和船舶摇晃中，灯具必须坚固、具备良好的防震和防水性能。

（2）不同颜色集鱼灯选择及配置要求。①红光起到稳定鱼群和诱集鱼群进网的作用，而白色灯光和绿色灯光起到发现和引诱鱼群的作用，一

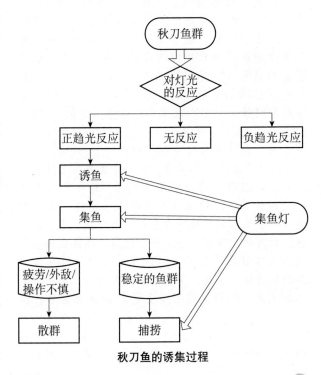

秋刀鱼的诱集过程

般发现鱼群后，便关闭白色和绿色灯光，只保留红色灯光，因此红光配置的数量占全船数量一般超过70%。②2组和3组灯箱形成的平面光场较弱，照度等位线稀疏，不能很好地诱集秋刀鱼；而4组和5组灯箱能形成强大的平面光场，照度等位线也很密集，能够起到对秋刀鱼很好地稳定诱集作用，从节约能源的角度来考虑，为了最大限度的集鱼还能起到降低成本的作用，所以4组红光灯箱间隔1组白色灯箱的组合为最佳。③在作业期间集鱼灯分别采用3种颜色：红色、绿色、白色。两灯箱之间的距离一般为2.0～2.5米，灯箱与海平面的夹角约为60º～70º。

（3）从能耗节能角度，秋刀鱼集鱼灯选择及配置要求。LED作为一种新型光源，近年来逐渐用于光诱渔业。LED集鱼灯显著改善了传统集鱼光源的不足，具有使用寿命长、电力损耗小、耐腐蚀、耐震动、节能、经济性价比高、环保安全、不损害人体健康等特点。LED集鱼灯的光谱在海水中的穿透性比金属卤素灯强、可控性好，能保持一定的光色。LED光谱半高全宽在30纳米左右，谱线较窄，发散角较小，色彩丰富、鲜艳，发光大部分集中会聚于中心，配合凸镜，可以有多样化的色调选择和配光，可以调节光的强度和颜色，对电流的响应速度极快，适合于秋刀鱼诱集作业。

适用范围

北太平洋秋刀鱼作业渔船。

集鱼时灯光配置图

技术来源：上海海洋大学

过洋新型编织线、绳、网制作工艺

技术目标

为了保证渔具的质量，需要从网线、网片、缝合、装纲工艺等方面严格执行技术规范。

技术要点

（1）网线：网线加工时，粗细均匀，外表光滑。保证网线线密度一致，破断强力合乎规定。

（2）网片：加工网片时，严格注意网目尺寸均匀。对于加工过程中出现的"跳目""断线"等需要进行修补处理。

（3）定型：网片加工完毕，需要进行定型处理。按照网具工艺图所标示的长度进行定型。同时，需要避免出现网目尺寸不均匀现象。

（4）网片缝合：网片缝合有两种形式，一种横向网片缝合，一种纵向网片缝合。横向网片缝合采用编缝方式缝合，以"对目""挂目"形式将不同网目尺寸网片缝合，由于缝合比一般为2种形式，需要均匀分布，防止网具前后段出现偏差。纵向网片缝合一般采用绕缝方式缝合，通常以每边 1.5 目绕缝，也可以使用夺目绕缝，替代网具力纲。纵向缝合需要注意各网片长度一致，缝合均匀。

（5）网具装纲：纲索按照网图所标示的尺寸量取，并做好记号。装配前，纲索需要定型，避免纲索长度产生差异。装配时，装纲边网衣需要加强，一般采用双线或者绕缝方式加强。将网衣使用网线固结在纲索上，避免结节滑动。

注意事项

（1）在加工过程中，网片缝合必须均匀。

（2）加工过程中，网片长度需要逐一量取。选取长度一致的网片使用。装纲使用的网线一般需要选用混合线，结节不宜滑动。纲索长度量取需要在预加张力的情况下，装配时，长度与网图所标示一致。

适用范围

过洋性网具编织线、绳、网制作。

技术来源：中国水产科学研究院东海水产研究所